吃排骨

杨桃美食编辑部 主编

江苏凤凰科学技术出版社　凤凰含章

图书在版编目（CIP）数据

吃排骨 / 杨桃美食编辑部主编 . -- 南京 : 江苏凤
凰科学技术出版社 , 2016.6

（含章·I厨房系列）

ISBN 978-7-5537-5681-3

Ⅰ . ①吃… Ⅱ . ①杨… Ⅲ . ①肉类 – 菜谱 Ⅳ .
① TS972.125

中国版本图书馆 CIP 数据核字 (2015) 第 266326 号

吃排骨

主　　　编	杨桃美食编辑部
责 任 编 辑	张远文　葛　昀
责 任 监 制	曹叶平　　方　晨
出 版 发 行	凤凰出版传媒股份有限公司
	江苏凤凰科学技术出版社
出版社地址	南京市湖南路 1 号 A 楼，邮编：210009
出版社网址	http://www.pspress.cn
经　　　销	凤凰出版传媒股份有限公司
印　　　刷	北京旭丰源印刷技术有限公司
开　　　本	718mm × 1000mm　1/16
印　　　张	14
字　　　数	250 000
版　　　次	2016年6月第1版
印　　　次	2016年6月第1次印刷
标 准 书 号	ISBN 978-7-5537-5681-3
定　　　价	39.80元

图书如有印装质量问题，可随时向我社出版科调换。

排骨之三番五味，
　肉食者值得一谋

"当你不知道要做什么的时候，就做饭。"

明明是食客闲聊调侃之言，细想一番，却颇有大家风范。

做饭，总是件正经事儿。

"民以食为天"，正是国人对吃的贴切诠释。而承载饮食文化的两大基石，即是精湛考究的技法和精挑细选的食材。

君不见那眼花缭乱的"烹饪二十八法"，何不出神入化舞一幅诗酒人生；那上天入地的餐桌食材，何不包罗万象秀一出江山如画。倘若此刻，身处珍馐满目、秀色可餐美食长廊的我们，蓦然回首人类烹饪智慧之源头，努力探寻那最早的技法和食材的结合，时光又将带领我们回到哪里？

或者，非得回到原始社会，说说排骨不可。

早在农耕文明形成之前，人类唯有依靠打猎谋食。而无论是要分割一头猛犸象，还是解剖一只剑齿虎，都一定要老族长亲力亲为进行分配。而正是这连骨带肉的迅速分配，就催生了最早的荤类食材——"排骨"。

此后，从茹毛饮血时的生食，再到钻木取火后的熟食，排骨因其富含的蛋白质和脂肪，让人们获得营养的同时大幅度增强体能，为人类扩大可探索活动领域提供了可能性，并且随着更深层次的感官刺激，大脑凹回加深，人类进化得更加智慧。排骨作为与人类擦出火花的第一道荤类食材，推动着人类的进化；人类享用排骨的美味，也承载着厚重的代价：这代价不同于种一粒米的"粒粒皆辛苦"，而是连日连夜追赶野兽的辛劳与疲惫，是设技围捕的智慧与勇气，甚至是族人的伤患和牺牲……

昨日今朝自不可同日而语。而面对这份最原始的、饱含生命气息的食材，我们理应好好珍视与对待。且让我们钻研出五花八门的技法，琢磨出酸甜苦辣的配方，一起体味这充满血性的原始情怀，共同唤醒那飘香远古的食味记忆。

食材无不以『鲜』为先，排骨亦然。

即使是最为简单的材料，也可调配出美好的味道。

而这所有的一切，无不来自于人用心的料理。

有幸能找到一起愉快进餐的人，那样，饭菜都仿佛在深情地微笑。

家常的味道：
虾酱焖排骨

绝妙搭配：
菠萝炒排骨

第一章

烧炒篇

给肉排做按摩：
酥炸肉排

夜市里的台湾：
台式炸猪大排

第二章

煎炸篇

保健私房菜：
番茄奶酪烤猪排

老少皆宜欢乐菜：
香芋蒸排骨

第三章

烤蒸篇

白玉养生露：
萝卜排骨酥汤

待到花开烂漫：
玫瑰卤子排

第四章

炖煮卤篇

美食的智慧：
猪排骨的选择、类别与贮存

如何判断优质猪肉

卫生肉品证明：若于传统肉摊采买新鲜的排骨或各种猪肉，可先看看肉摊上是否悬挂当日的卫生检查证明单，若猪肉体上盖有"合格"的印章，则是经由检疫人员检查合格后的猪肉。

看、闻、按：看排骨的外观，新鲜的排骨外观颜色呈粉红色，不能太红或者太白。

闻排骨味道，气味应是比较新鲜的猪肉的味道，而且略带点腥味。一旦有其他异味或者臭味，就不要购买了，这样的排骨很可能已变质。

拿手指按压排骨，如果用力按压，排骨上的肉能迅速地恢复原状则较好，如果瘫软下去则说明肉质不太好；再用手摸排骨表面，表面有点干或略显湿润且不粘手的为佳，如果粘手则不是新鲜的排骨。

认识猪排骨的种类

排骨的种类很多，从猪胸口的肋骨一直到脊椎骨边的腰部都属于排骨；所以无论是整排肋骨连肉的猪肋排，或是腰边的里脊肉，都算是排骨家族的一份子。

排骨料理的第一步，要先认识不同部位的各种排骨，并了解它们的肉质特点和适合的料理方式。如此就能自己判断不同的料理方式所应选用的排骨肉，而且日常中做任何排骨料理时也更能得心应手。

肋排肉 背部整排肋骨平行的肉排。

尾骨肉

骨头大而肉少，最适合拿来熬猪骨汤。

肋排（背）

为背部整排平行的肋骨，肉质厚实，最适合整排下去烤。

肋排（背）切块

将背部肋骨沿骨头切块，一根根的很适合拿来烤或焖烧。

里脊肉　指的是从背骨之腰椎往腰、肚范围的肉。

大里脊	小里脊	中里脊

即腰椎旁的带骨里脊肉，适合油炸、炒、烧。

从腰连到肚的里脊肉，是排骨肉中最软嫩的部分。烹调时间短，很快就能熟透，适合炸、炒。

连着大里脊的腰肉，肉质软嫩，炸、炒、烧、焖皆可。

小排肉　靠肚脐部分，肋骨的排骨肉。

肋排（肚腩）	肋排（肚腩）切块	胛心肉	软骨肉

靠近肚腩边的肋骨肉，因接近五花肉而稍带油脂，骨头较短，整片烤或切块来烹调皆可。

被剁成小块的靠近肚腩边的肋骨肉，肉质嫩、易熟，用来炒、烤、炸、焖、蒸皆可。

因肉中带有油脂而被称为胛心肉，油可使肉在烹调中不会紧缩，所以特别适合拿来烤。

即连在白色软骨旁的肉，用来炒、烧、蒸都很适合。

排骨的保存方法和一般处理

❶ 买回家的排骨最好能在半小时内料理，若是当天料理可放到冰箱冷藏。

❷ 排骨也可包上保鲜膜或放入塑料袋内，置于冰箱冷冻。料理当天或前晚再放到冷藏室待用。

❸ 排骨一定要解冻后才能料理，最好置于袋内放在细细的水流下，使其慢慢解冻，切记不能直接丢入水中，以免肉质接触到水而失去弹性。

❹ 排骨要等料理时才洗净，尤其不能先泡水，否则肉质会变得失去弹性。

第一章

烧炒篇

炒货上瘾，闲吃慢品

"三餐延香火于百代，一宵觞食话以千秋"，论起中国人的餐桌，"炒"菜可谓"人无我有"的独秀一枝，是中国菜区别于其他菜肴的一面锦绣大旗。

据考证，最早关于"炒菜"的记载，要属《齐民要术》中记载的"炒鸡子法"："打破，著铜铛中，搅令黄白相杂。细军葱白，下盐米，浑豉。麻油炒之。甚香美。"这就是世上最古老的炒鸡蛋食谱。

在中餐众多技法中，"炒"也是入门级的常用技法。

油别多，否则就成了"炸"；油要热，否则就成了"煎"。少油、大火，是"炒"的秉性。难怪有食客比喻说"炒"是属暴脾气的。炒出来的菜不会拖泥带水，快进快出，比"熬"干脆利落，比"炖"节省火候，实在是菜鸟必备之炫技。

家里来客人了，主人会说"今儿别走啊，留下吃饭，我炒俩下酒菜，这就来。"说话者快语连珠，伴随着话音里透着的速度感，俩菜也就出锅上桌了。

没错儿，炒菜，本就以快见长。老家儿常念叨"天天炖肉别说吃得起吃不起，光咨那掐着表看针儿走的工夫也耽误不起"。所以，炒菜成了中国菜里最常用的烹饪方法，家常菜中也要属炒菜居多。

南方名菜之农家小炒肉，当年之所以能入了万岁爷乾隆的金口，或许也是恰如江南佳人一样妙得极致。肉片要切得薄见灯影，就是透过肉片能看见灯火的影子那么薄，配上大火爆炒，短短几十秒必须出锅，五花肉的肥而不腻、外焦里嫩，配上杭椒，以及江浙特酿的黄酒和米醋，不由得让万岁爷连连称赞"此肉只得江南有，宫中哪得几回尝"。这段野史是否真实存在早已不可考证，但合乎情理之处却真应了孔老夫子那句话"食色，性也"。想想能让皇帝垂涎的美人和美食，其本质上皆应是宫中尝不到的稀罕味道。

有一种菜品，让"炒"尽情展现了其作为中国菜基本技法的强大之处，这就是"排骨"。

不同于肉片的"轻薄之身"，排骨"皮糙肉厚"不说，还一副"铁骨铮铮"的凶狠派头，这对于熬灯耗油的"炖煮"来说绝对是"小菜一碟"，但对以速度取胜的"炒"来说实在是"压力山大"。

如此看来，"炒"的金字招牌要被打破了吗？非也！事实上，排骨等难以熟透的食材，反而激发了"炒"更高级别的技能。其方法有二：

一种是"生炒"，即用佐料腌制好的排骨直接爆炒，这种情况下表面的肉质看样子熟了，但其内部却往往还生着，这时候添水没过排骨，盖上锅盖，以大火烧开后转小火烧制，待全部成熟后再转大火收汁儿。这是以"炒"的名义，请来了"烧"做帮手，是炒烧类的"双剑合璧"。此法尤其适合含有与排骨同耐火力食材的菜品，如粉条炒排骨、土豆萝卜炒排骨等。

相对而言，另一种可谓是"熟炒"，即先将排骨用传统炖煮或其他方法进行烹饪，但是不必熟透，而是控制到七八成熟，接着再用炒的方法进行炒制和调味，这样做是使难熟的排骨仅剩下两三分需要制熟，这对大火热油的"炒"来说自然不在话下。这相当于举着"炒"的大旗，请来了"炖"做先锋，是这二者的"珠联璧合"。熟炒的适应性更广，多数排骨菜品都适合这种方法，如孜然炒排骨、什锦蔬菜炒排骨等。

由此可见，看上去稀松平常的"炒"，在排骨的"挑战"下一跃成为"三军尽在我手"的统帅，以其为基础，各种技法，一呼百应。

"炒菜"不单带给食客一蔬一饭的美味与便捷，更诠释了中华民族与天地万物的和谐相处。比起炒股、炒楼、炒国库券，炒菜虽也"蘸火蘸刀，风险犹存"，但那看得见的收益却实实在在绽放在舌尖，落尽胃里。

劝君一句，炒货上火，可不要贪嘴；炒菜上瘾，当心停不下来。

只为那口京腔：
京都排骨

童年的北京，胡同总是歪歪斜斜、热热闹闹，四合院的中央，摆着桌子和小凳。南方来的小女孩不说话，羞涩得很，直到满脸皱褶的姨婆端上一盆京都排骨，才咧开嘴不再怕生。院子里的隔壁大爷抽着老烟在听《天女散花》，混着肉香，每嚼一下，记忆里溢出的味道，都是浓浓的京腔。

材料 Ingredient

猪排骨	500克
熟白芝麻	少许

腌料 Marinade

A:

盐	1/4茶匙
白糖	1茶匙
料酒	1大匙
水	3大匙
蛋白	1大匙
小苏打	1/8茶匙

B:

低筋面粉	1大匙
淀粉	1大匙
色拉油	2大匙

调料 Seasoning

A:

A酱	1大匙
梅林辣酱油	1大匙
白醋	1大匙
番茄酱	2大匙
白糖	5大匙
水	3大匙

B:

水淀粉	1茶匙
香油	1茶匙

做法 Recipe

1. 将猪排骨剁小块，洗净，用腌料A拌匀后腌制20分钟，加入低筋面粉及淀粉拌匀，再加入色拉油略拌，备用。

2. 热一锅，倒入400毫升油，待油温烧至约150℃，将拌好的排骨下锅，用小火炸约4分钟，起锅沥干油，备用。

3. 另热一锅，倒入调味料A，以小火煮滚后用水淀粉勾芡。

4. 加入做法2中的排骨，迅速翻炒至芡汁完全被排骨吸收，熄火，加入香油以及熟白芝麻拌匀即可。

小贴士 Tips

+ 酱料是为了增加菜品的果香味，如果没有A酱料，也可以用意大利黑醋酱替代，虽然味道不同，但果香犹在。

+ 炸猪排骨要用低筋面粉和淀粉混合，这样才能让煎炸物的表面脆香，如果用中筋或者高筋面粉炸东西则会裹衣不脆。

四处飘香的名菜：

糖醋排骨

糖醋排骨可以说是糖醋类菜肴中最具代表性，也是最常出现在千家万户饭桌上的一道传统名菜。沪、浙、苏、川四地的菜谱中竟然都有它的身影，可见南方百姓的舌尖对它是多么的钟爱。拥有优质蛋白和丰富钙质的排骨，加上比例恰当的糖与醋的调和，香气便从一间间厨房溢了出来。

材料 Ingredient

猪排骨	400克
青甜椒	1/2个
红甜椒	1/2个
菠萝片	80克
洋葱	1/2个
地瓜粉	2大匙
水淀粉	1大匙

腌料 Marinade

蒜末	10克
酱油	1/2大匙
白糖	1/2大匙
盐	1/2大匙
鸡蛋液	40克
胡椒粉	少许

调料 Seasoning

番茄酱	1大匙
梅子酱	2大匙
盐	少许
冰糖	2大匙

做法 Recipe

1. 猪排骨斩块，洗净沥干，放入容器中，加入腌料拌匀并腌制30分钟；青甜椒、红甜椒、洋葱均洗净，切块，备用。

2. 取出腌好的排骨，沾上一层薄薄的地瓜粉。

3. 热一锅，倒入适量色拉油烧热至约170℃，放入排骨以中小火炸3分钟，再改转大火炸约30秒钟，取出备用。

4. 另热锅，放入2大匙色拉油，加入所有调料和洋葱块炒香，加入青、红甜椒块及菠萝片拌炒一下，再加入炸好的排骨拌炒入味，倒入水淀粉勾芡即可。

小贴士 Tips

+ 排骨在入锅炸之前，要尽量晾干水分，这样在下锅的时候才不会溅油。

食材特点 Characteristics

菠萝：菠萝中的"菠萝朊酶"能分解阻塞于组织中的纤维蛋白和血凝块，可改善血液循环、稀释血脂，消除炎症和水肿。

甜椒：又称菜椒，是非常适合生吃的蔬菜，富含B族维生素、维生素C和胡萝卜素，为强抗氧化剂，对白内障、心脏病和癌症均有一定疗效。

此芥末非彼芥末：
炒辣味芥末排骨

很多人一看到芥末首先就想到很辣、很呛、很刺激的感觉，其实这道菜所用的芥末是中国的黄芥末酱，由芥菜的种子研磨而成，味道柔和，与平时总让人"泪流满面"的日式wasabi绿芥末酱是完全不同的。日式芥末酱的主要成分是山葵根，故两者压根就不是一回事。主妇们也就不用担心菜里的芥末，老人和孩子吃了会受不了。

材料 Ingredient

猪排骨	300克
甜豆荚	10克
圣女果	20克
玉米笋	5克
面粉	2大匙
鸡蛋	2个
高汤	200毫升

腌料 Marinade

盐	1/4小匙
白糖	1/2小匙
米酒	1大匙
蒜末	1/2小匙
橄榄油	1/2小匙
辣椒末	1/2小匙
黄芥末酱	1大匙

做法 Recipe

1. 将所有腌料混合均匀；甜豆荚洗净，烫熟；圣女果洗净，对切；玉米笋切片，备用。

2. 将猪排骨洗净，斩块，加入混合后的腌料腌制大约30分钟，备用。

3. 在排骨中再加入面粉、鸡蛋，拌匀备用。

4. 热锅，倒入适量的色拉油，待油温热至约160℃时放入排骨，以中火将排骨炸熟，捞出沥油备用。

5. 在锅中留少许油，放入圣女果、玉米笋片炒匀。

6. 加入已炸熟的排骨、高汤，以小火熬煮约3分钟，再加入甜豆荚拌匀即可。

小贴士 Tips

+ 黄芥末味道微苦，是一种常见的辛辣调料，多用于凉拌菜。除调味外，民间还用黄芥末内服治疗呕吐、脐下绞痛，外敷治疗关节炎等。

食材特点 Characteristics

玉米笋：即为甜玉米细小幼嫩的果穗，营养丰富，而且具有独特的清香，口感甜脆、鲜嫩可口。

圣女果：又称樱桃番茄，其外观玲珑可爱，口味香甜鲜美。具有生津止渴、健胃消食、清热解毒、凉血平肝、补血养血和增进食欲的功效。

快速料理也暖胃：

咖喱南瓜排骨

"没时间做饭"总是最常从外食者口中听到的话，很多家庭的厨房甚至成了摆设，没有油烟、没有异味，一尘不染，同时厨房也变成了没有菜香、没有饭味、没有切菜声的一间多余的屋子。家的形象理应包括厨房里忙碌的身影和饭桌上热气腾腾的家常饭菜吧。即便食材简单、操作省时的一桌饭菜，自己动手，有了掌心的温度，也总是最暖胃的。

材料 Ingredient

猪排骨	300克
南瓜	300克
红甜椒	80克
红葱末	20克
蒜末	10克
水	200毫升

调料 Seasoning

咖喱粉	1大匙
盐	1/2茶匙
椰浆	50毫升
白糖	1茶匙

做法 Recipe

1. 将猪排骨剁小块，洗净，沥干；南瓜洗净，去皮，切块；红甜椒去蒂及籽后洗净，切块，备用。

2. 热锅，倒入1大匙色拉油，转小火，放入红葱末、蒜末爆香后，放入备好的排骨，转大火翻炒至排骨表面变白。

3. 加入咖喱粉略炒香，再加入其余调料和水，转大火煮至沸腾。

4. 放入南瓜块，盖上锅盖，转小火继续烧煮约20分钟，加入红甜椒煮至汤汁略浓稠即可。

小贴士 Tips

+ 一般来说，要将排骨煮到六七成熟时再加入南瓜一起煮。

+ 加入椰浆可以让咖喱菜变得更香，还能让汤汁乳化，味道更有层次。如果手边没有椰浆，也可以用淡奶油或者牛奶代替。

食材特点 Characteristics

咖喱粉：咖喱其实不是一种香料的名称，而是"把许多香料混合在一起煮"的意思，有可能是由数种甚至数十种香料组成。

南瓜：南瓜富含锌，有益皮肤和指甲健康，其含有的β-胡萝卜素具有护眼、护心的作用；南瓜富含的果胶还能保护胃肠道黏膜，适宜胃病患者食用。

回忆里的味道：
蒜子排骨

小时候很不喜欢大蒜的味道，每次吃饭都会把碗里的蒜夹出来，姥姥总是义正辞严地说"多吃蒜对身体好，不可以夹出来"，我只好不情不愿地咽下去。现在我已不再是当年挑食的小孩儿，而姥姥也已满头银发，突然间想起了二十几年前无数次关于大蒜的叮嘱，于是过年回老家就给姥姥做一盘蒜子排骨，然后跟姥姥说："多吃蒜对身体好。"

材料 Ingredient

猪排骨	200克
蒜	100克
葱	1根
姜片	20克
辣椒	1个
水	200毫升

腌料 Marinade

酱油	1茶匙

调料 Seasoning

蚝油	2大匙
米酒	2大匙
白糖	1茶匙

做法 Recipe

1. 将猪排骨洗净，剁块，加入腌料略为腌制上色；葱洗净，切段；辣椒洗净，切段；蒜去皮，切去蒂头，备用。

2. 热油锅，以大火烧热至约150℃，先放入蒜炸至表面金黄后捞起，沥油备用；再将排骨一块块下锅油炸至表面略为焦黄后捞出，沥油备用。

3. 锅底留少许油烧热，以小火爆香姜片、辣椒段及葱段至微微焦香；再加入蒜、排骨及水，以中火煮至汤汁滚沸，盖上锅盖，转小火，焖煮约10分钟。

4. 打开锅盖，在锅中加入所有调料，以小火烧煮至汤汁略干即可。

小贴士 Tips

+ 蒜应尽量选个头小一些的，因为个头大的不太容易熟。

食材特点 Characteristics

蚝油：蚝油由牡蛎熬制而成，素有"海底牛奶"之称，不但含有丰富的微量元素和氨基酸，而且锌元素的含量极高，是缺锌人士的首选。

蒜：蒜具有很强的抗菌消炎作用，对多种细菌和病毒均具有抑制和杀灭作用。蒜还可促进胰岛素的分泌，能迅速降低人体血糖水平。

爱的晚餐：

黑胡椒烧排骨

检验食物好吃与否的标准，就是吃的人是不是一边喊烫，一边使劲挥着筷子把东西往嘴里塞。跟妈妈学了这道黑胡椒烧排骨，第一次自己试着做给老公吃。他说刚出电梯就闻到了香味，进门换了衣服立刻就坐到餐桌旁吃了起来，虽然嘴巴忙得来不及对我说很好吃这样的话，可是看着他狼吞虎咽的样子我就知道那天的晚饭很成功。

材料 Ingredient

猪排骨	200克
蒜末	20克

腌料 Marinade

盐	1/4匙
鸡精	1/4匙
白糖	1/2匙
苏打粉	1/8匙
蛋清	1大匙
料酒	1/2匙
水	1大匙
淀粉	3大匙

调料 Seasoning

番茄酱	1茶匙
A1酱	1茶匙
水	2大匙
香油	1茶匙
粗黑胡椒粉	1大匙
盐	1/4茶匙
白糖	1茶匙
水淀粉	1茶匙

做法 Recipe

① 将猪排骨洗净，沥干，用腌料拌匀，腌制约20分钟，备用。

② 热锅，倒入约500毫升色拉油，油温烧热至约150℃，再将排骨一块块放入油锅中，以小火炸约12分钟，炸至表面酥脆后捞起沥油。

③ 另热一锅，放入1大匙色拉油烧热，以小火爆香蒜末后，加入粗黑胡椒粉略为翻炒几下，再加入番茄酱、A1酱、水、盐及白糖拌炒均匀，加入炸好的排骨以大火快炒约10秒，再以水淀粉勾芡，最后淋上香油炒匀即可。

小贴士 Tips

⊕ 在腌制排骨时可用手按一按，这样排骨可以更充分地吸收腌料的味道。

食材特点 Characteristics

淀粉：淀粉就是俗称的"芡"，为白色无味粉末，是植物体中贮存的养分，贮存在种子和块茎中，在烹饪中具有无可替代的作用。

黑胡椒粉：由黑胡椒研末而成，味道比白胡椒粉更为浓郁。将其应用于烹调上，可使菜肴达到香中带辣、美味醒胃的效果。其主要用于烹制肉类和火锅。

瘦身美食：
芋头烧排骨

似乎，不管是什么样的食材，只要是跟排骨搭配在一起，最终都只会沦为其配角。但或许是对芋头那种绵甜香糯口感的偏爱，面对着一盘芋头烧排骨，很多人都会毫不犹豫地先夹起芋头。说到芋头，它不仅可以增强人体的免疫功能，而且还能促进新陈代谢、有助减肥。排骨与它搭配食用，食客当然就不必担心摄入过多的脂肪了。

材料 Ingredient

猪排骨	300克
芋头	230克
葱	2根
姜末	10克
水	250毫升

调料 Seasoning

盐	1/6茶匙
牛奶	50毫升
白糖	1茶匙
水淀粉	1/2大匙
香油	1茶匙

腌料 Marinade

盐	1/4匙
鸡精	1/4匙
白糖	1/2匙
苏打粉	1/8匙
蛋清	1大匙
料酒	1/2匙
水	1大匙
淀粉	3大匙

食材特点 Characteristics

芋头：芋头口感细软、绵甜香糯，营养价值近似于土豆，易于消化；还含有多种微量元素，能增强人体免疫力。芋头不宜生吃，因为其含有难以消化的淀粉质和草酸钙结晶体，但经过烹煮后就会消失。

做法 Recipe

❶ 将猪排骨洗净斩块，沥干，加入腌料抓匀，腌制约5分钟；葱洗净，切段；芋头去皮，洗净，切块备用。

❷ 热锅，倒入约500毫升色拉油，烧热至约150℃，将芋头块放入油锅中，以小火炸约1分钟后，捞起沥油，备用。

❸ 油锅再次烧热至约150℃，将排骨一块块依序放入锅中，以小火炸约10分钟，捞起沥油，备用。

❹ 锅底留约1大匙色拉油烧热，以小火爆香葱段及姜末，放入炸好的排骨和水，转大火煮至汤汁滚沸后改小火。

❺ 以小火煮约2分钟后，放入芋头块以小火煮约2分钟，加入调料中的盐、牛奶及白糖，以小火煮至汤汁滚沸，再加入水淀粉勾芡，洒上香油即可。

小贴士 Tips

➕ 在腌制排骨时可用手按一按，这样排骨可以更充分地吸收腌料的味道。

儿时的馋涎欲滴：
葱烧排骨

小时候每年的年夜饭最喜欢吃的就是葱烧排骨。当妈妈把热气腾腾的排骨盛到盘子里，小心翼翼地往桌上端，我都会在旁边一路紧盯着护送过去，迫不及待想吃。可是大人们聊意正浓，我也只能悄悄地咽口水，眼巴巴地咬着筷子头看着，直到现在都能清楚地记得那个味道。

材料 Ingredient	
猪大里脊排	2片
葱	3根

调料 Seasoning	
姜末	1小匙
水	1/2杯
蒜末	1小匙
酱油	1大匙
米酒	1小匙
淀粉	1小匙

腌料 Marinade	
姜末	1小匙
水	1/2杯
蒜末	1小匙
酱油	1大匙
酒	1小匙
淀粉	1小匙

做法 Recipe

❶ 将猪大里脊排洗净，用刀背略拍数下，加入所有腌料拌匀，腌制1小时至入味；葱洗净，切长段备用。

❷ 将半锅色拉油烧热约170℃时，放入大里脊排过油，用中火稍炸至肉变色后即捞起，沥油。

❸ 另起一锅，将所有调料调匀并倒入锅中煮开，再放入炸好的大里脊排及葱段，改小火慢烧至调料汤汁约剩一半，且大里脊排熟软入味即可。

招牌私房菜：

孜然排骨

无肉不欢的人，大都也是很挑剔的肉食动物。如果大块的肉囫囵个儿就进肚里了，也许没什么感觉，相比之下，很多人会更喜欢排骨，既能吃到肉又能享受啃排骨时的专注，那是只属于牙齿和舌头的成就感。孜然排骨就是那种家里来客人时一定会摆上桌的招牌私房菜。

材料 Ingredient		腌料 Marinade	
猪排骨	300克	盐	1/4匙
葱花	20克	鸡精	1/4匙
蒜末	10克	白糖	1/2匙
辣椒末	5克	苏打粉	1/8匙
		蛋清	1大匙
调料 Seasoning		料酒	1/2匙
		水	1大匙
椒盐粉	1茶匙	淀粉	3大匙
孜然粉	1/2茶匙		

做法 Recipe

1. 将腌料调匀；猪排骨洗净，剁成小块，然后放入腌料中腌制约30分钟。

2. 热油锅，倒入约500毫升色拉油，以大火烧热至约150℃，将排骨一块块放入油锅中，转小火炸约12分钟至排骨表面酥脆，捞起沥油。

3. 另热一锅，放入少许色拉油烧热，以小火爆香葱花、蒜末及辣椒末，放入炸好的排骨，再撒上所有调料，以小火拌炒均匀即可。

家常的味道：

虾酱焖排骨

所谓家常菜，重要的并不是菜式，而是在家中用日常食材烹调而成的带着掌心温度的那份感觉。即便是最常见的排骨和再简单不过的一瓶虾酱，用心加工之后，便不再只是排骨和虾酱的味道，而是盐的味道、海的味道、发酵的味道、家常的味道，也是幸福的味道、温暖的味道。

材料 Ingredient

猪小排	300克
豆腐	200克
辣椒	50克
蒜末	20克
葱段	50克
水	200毫升

腌料 Marinade

淀粉	1大匙
料酒	1/2匙
盐	1/8匙
鸡蛋液	1大匙

调料 Seasoning

虾酱	2大匙
蚝油	1大匙
绍酒	2大匙
香油	1大匙
水淀粉	10毫升
鸡精	1/2茶匙

做法 Recipe

1. 猪小排洗净，剁小块，以腌料腌制约5分钟；将辣椒洗净，切片；将豆腐洗净，切小块备用。

2. 热锅，倒入2大匙色拉油，待油温热至约180℃，将豆腐下锅炸至表面金黄后，取出沥油备用。

3. 将腌好的排骨下锅，以小火炸约8分钟后，捞起沥油备用。

4. 在锅中留少许油，放入蒜末、葱段、辣椒、虾酱炒香，加入排骨、豆腐及蚝油、鸡精、绍酒和水。

5. 转小火煮约5分钟，以水淀粉勾芡，洒上香油即可。

中和的奇迹：
烤麸烧排骨

"民以食为天"，中国人把饮食的地位看得相当重要，也因此，自古以来中国人就有着高超的烹饪技艺，深谙食物的中和之道。作为江南地区的名小吃，烤麸本身质地单纯、口味清淡，这种寡淡的特点让它很适合作为排骨的搭档。经过中和之后，排骨的口感便不再油腻生猛了。

材料 Ingredient

猪排骨	200克
烤麸	5片
干香菇	5朵
葱	1根
姜	10克
水	300毫升

调料 Seasoning

酱油	3大匙
白糖	1大匙
香油	1大匙

做法 Recipe

❶ 烤麸每片切成3小块；猪排骨斩块，洗净；干香菇泡冷水至软后，洗净，切小块；葱洗净，切段；姜洗净，切片备用。

❷ 热油锅，以大火将色拉油烧热至约150℃，将烤麸下锅油炸约2分钟至烤麸表面焦脆，捞起沥油备用。

❸ 另热一锅，加入少许色拉油烧热，以小火爆香葱段及姜片，加入排骨后转中火炒至排骨变白。

❹ 再将烤麸、香菇及酱油、白糖加入锅中，倒入水，盖上锅盖以小火焖煮约20分钟至汤汁收干，最后淋入香油拌匀即可。

魔法师的传承：
麻酱烧排骨

烧是烹饪技法的一种，制作时间相对较长，肉会比较烂，一口咬下去，肉的香味便在口中弥漫开来，这时没有理由不去细细地咀嚼，就连剩下的骨头也得吸吮几口才能心满意足，形象、含蓄也全然顾不得了。似乎每一位在厨房忙碌的妈妈都是魔法师，她们总能变幻出各种各样的美味，千百年来香味一直在口腔里传承着……

材料 Ingredient

猪排骨	300克
芹菜	80克
蒜苗	1根
姜末	10克
辣椒	1个
水	250毫升

调料 Seasoning

蚝油	2大匙
芝麻酱	1大匙
白糖	1茶匙
绍酒	1大匙
香油	1茶匙

腌料 Marinade

盐	1/4匙
鸡精	1/4匙
白糖	1/2匙
苏打粉	1/8匙
蛋清	1大匙
料酒	1/2匙
水	1大匙
淀粉	3大匙

做法 Recipe

1. 将猪排骨洗净斩块，沥干；将所有腌料混合，入排骨拌匀，腌制5分钟。

2. 芹菜洗净，切小段；蒜苗洗净，切斜片；辣椒洗净，切碎；芝麻酱用少许开水（分量外）先调稀，备用。

3. 热锅，倒入约500毫升色拉油烧热至约150℃，将排骨下入油锅，转小火炸约10分钟，捞起沥油备用。

4. 锅中留约1大匙色拉油烧热，以小火爆香姜末及辣椒碎，加入炸好的排骨、水、芝麻酱、绍酒、蚝油、白糖，以大火煮至酱汁滚沸。

5. 改转小火继续煮约2分钟，再加入蒜苗及芹菜拌炒均匀，洒上香油即可。

小贴士 Tips

+ 挑选芝麻酱时要避免瓶内有太多浮油的，因为浮油越少表示越新鲜。

食材特点 Characteristics

芝麻酱：芝麻酱富含蛋白质、脂肪及多种维生素和矿物质，有很高的保健价值，经常食用对骨骼、牙齿的发育都大有益处。不过，芝麻酱的热量、脂肪含量较高，在食用芝麻酱时，应有意识地少吃一些植物油或其他油类食物，多吃一些蔬菜、粗粮，以一天食用10克左右（两小勺）为宜。

就是无法淡定：
香酥猪肋排

外酥里嫩的猪肋排，可不是尝尝鲜儿、吃一两口就能满足的。吃货们面对这样的美食，绝对是无法淡定地坐在饭桌前的，如果不全神贯注地全盘下肚，真是不好意思说自己是吃货，尤其是要趁热吃，越趁热吃，那股香味就越浓郁。当然，跟别人一起吃的时候可以给他稍微留个一两块，要不然就显得我们太不愿意分享了！

材料 Ingredient

猪肋排	300克
蒜头酥	20克
红葱酥	10克
辣椒末	5克

腌料 Marinade

盐	1/4匙
鸡精粉	1/4匙
白糖	1/2匙
苏打粉	1/8匙
蛋清	1大匙
料酒	1/2匙
水	1大匙
淀粉	3大匙

调料 Seasoning

椒盐粉	1茶匙

做法 Recipe

❶ 将猪肋排剁成小块，洗净，沥干备用。

❷ 将所有腌料调匀，放入排骨块腌制约30分钟，备用。

❸ 热锅，倒入约500毫升色拉油烧热至约150℃，将排骨放入油锅中，以小火慢炸约10分钟，至排骨表面酥脆后，捞起沥油。

❹ 另热一锅，放入少许色拉油烧热，以小火炒香蒜头酥、红葱酥及辣椒末，加入炸好的排骨，再撒上椒盐粉，最后以小火拌炒均匀即可。

小贴士 Tips

✚ 清洗排骨时千万不要用热水，因为猪肉中含有一种肌溶蛋白的物质，在15℃以上的水中易溶解，若用热水浸泡就会损失很多营养，同时口味也会变差。

食材特点 Characteristics

蒜头酥：被誉为"大地上最香酥的食物"，由大蒜和精制猪油加工而成，是我国台湾地区家家户户不可或缺的美食伴侣。它具有杀菌、抗癌、降压护心等功效。

红葱酥：由红葱头、油、盐加工而成，也是我国台湾地区经常食用的美味之一。红葱酥可用来包粽子、煎鸡蛋、拌凉菜等。总之，红葱酥使用起来"百搭且方便"。

味觉里的太湖：

无锡排骨

"月明移舟去，夜静魂梦归。"深秋的月光下，一叶小舟在太湖上慢慢荡着，夜是如此的静，诗人似睡非睡、似梦非梦地徜徉其间……提到太湖就想到无锡，提到无锡，食客们便情不自禁地嗅到那酥香软烂、咸甜可口的无锡排骨的香味。送一块排骨入口，旖旎秀丽的江南风光便统统溜进了脑袋。

材料 Ingredient

猪小排	500克
葱	20克
姜片	25克
上海青	300克
红曲米	1/2茶匙
水	600毫升

调料 Seasoning

A:
酱油	100毫升
白糖	3大匙
料酒	2大匙

B:
水淀粉	1大匙
香油	1茶匙

做法 Recipe

1. 猪小排洗净，剁成长约8厘米的小块；上海青洗净，切小条；葱洗净，切小段；姜片洗净，拍松备用。

2. 热油锅，待油温烧热至约180℃，将猪小排入锅，炸至表面微焦后沥干备用。

3. 锅中加600毫升水烧开，水开后加入红曲米，放入炸好的猪小排，再放入葱段、姜片及所有调料A，待再度煮沸后转小火，盖上锅盖。

4. 再煮约30分钟，至水收干至刚好淹到排骨时熄火，挑去葱、姜，将排骨摆放至小一点的碗中，并倒入适量汤汁。

5. 将排骨放入蒸锅中，以中火蒸约1小时后，熄火备用。

6. 将上海青炒或烫熟后铺在盘底，再将蒸好的排骨汤汁取出保留，再将排骨倒扣在上海青上。

7. 将汤汁煮开，以水淀粉勾芡，洒上香油后淋至排骨上即可。

食材特点 Characteristics

上海青：是华东地区最常见的小白菜品种，江浙一带又称其为"青菜"。因其菜茎白白的像葫芦瓢，因此也被俗称为"瓢儿白"。

红曲米：又称赤曲、红米、福曲，呈棕红色，质脆，断面粉红色，微有酸气，味淡，以红透质酥、陈久的为佳，具有活血化淤、健脾消食的功效。

饱含深情的美食：
花雕排骨

绍兴酒"最佳者名女儿酒，相传富家养女，初弥月，即开酿数坛，直到此女出门，即以此酒陪嫁，则至近亦十许年，其坛率以彩绘，名曰花雕"。花雕便是古代小说中大名鼎鼎的江浙名酒"女儿红"，这个名字实在是太美了。虽然花雕嫁女这一传统早已难觅踪迹，然而花雕酒蕴含的仍然是绍兴人对出嫁女儿的深情、不舍和祝愿。

材料 Ingredient

猪小排	300克
笋块	100克
葱段	50克
姜片	30克
蒜片	30克
青蒜	40克
干辣椒	50克
水	150毫升

调料 Seasoning

蚝油	1茶匙
辣豆瓣酱	2大匙
白糖	1茶匙
花雕酒	50毫升
花椒	3克

做法 Recipe

❶ 将猪小排剁成小块，入锅汆烫后洗净，备用；青蒜洗净，切段。

❷ 热锅，倒入适量色拉油，以小火爆香葱段、姜片、蒜片、干辣椒及花椒，再加入笋块、辣豆瓣酱炒香。

❸ 加入汆烫后的小排炒匀，然后放入蚝油、白糖、花雕酒及水煮至沸腾。

❹ 转小火，煮约20分钟，至汤汁略收干，最后放上青蒜段即可。

小贴士 Tips

➕ 花雕、元红、善酿、香雪等均是绍兴黄酒的品种，其制作的材料与方式基本类似，风味与口感上都差不多。如果没有花雕酒，也可以利用其他风味类似的黄酒替代，成品的滋味不会差太多。

食材特点 Characteristics

青蒜：又叫蒜苗，是大蒜幼苗发育到一定时期的青苗。青蒜富含维生素C等多种营养成分，能有效预防流感、肠炎等因环境污染引起的疾病。

花雕酒：含有对人体有益的多种氨基酸、糖类和维生素等营养成分。花雕酒酒性柔和，酒色橙黄清亮，酒香馥郁芬芳，酒味甘香醇厚。

牛奶南瓜烧排骨

精致的生活是对自己忙碌工作的犒劳，一桌精心烹调的饭菜、一套样式典雅的餐具，还有和自己一起愉快进餐的人，这样的生活，简单而精致。辛辣酸咸的食物吃多了，偶尔换一种清清淡淡的口味，这样的小确幸总会让生活的周遭也产生那么一点点不同。饭菜都在深情微笑，餐具也在灯光闪耀下眨眼。

材料 Ingredient

猪排骨	300克
南瓜	300克
红葱末	20克
姜末	10克
水	100毫升
西芹末	少许

调料 Seasoning

盐	1/2茶匙
牛奶	200毫升
白糖	1茶匙

做法 Recipe

1. 将猪排骨洗净，斩块，沥干；南瓜洗净，去皮、去籽，切小块备用。

2. 热锅，加入1大匙色拉油烧热，以小火爆香红葱末和姜末后，放入排骨，转大火拌炒至排骨表面变白。

3. 在锅中加入水和牛奶，继续以大火煮至汤汁滚沸，再改小火煮约2分钟。

4. 将南瓜块放入锅中，盖上锅盖，以小火煮约3分钟至汤汁略为浓稠，再加入其余调料拌匀，最后撒上少许西芹末即可。

小贴士 Tips

+ 挑选南瓜时，一手将南瓜托在手上，用另一只手去拍，如果声音发闷，感觉南瓜内部结构非常紧实，那就说明南瓜的成熟度高。

食材特点 Characteristics

西芹：常吃西芹对高血压、血管硬化、神经衰弱等病症有辅助治疗作用。另外，西芹含铁量较高，适合缺铁性贫血患者食用。

牛奶：牛奶营养丰富，含有高级脂肪和多种蛋白质、维生素、矿物质，能滋润肌肤，使皮肤光滑柔软白嫩，从而起到护肤美容的作用。

味觉的诱惑：

宫保羊排

一间门庭若市的酒肆里，客人拉出长条凳坐下，一柄长剑置于桌上，跟上前招呼的店小二要了满桌的好酒好肉。"大碗喝酒，大块吃肉"是《水浒传》里各路好汉们最豪迈的行为艺术，光听这八个字就能让人精神抖擞。而羊排因其本身肉质的特点，正好满足了人们大口吃肉、酣畅淋漓的心愿，矜持内敛暂且都放一边，先满足了对美食的欲望再说。

材料 Ingredient

羊小排	500克
洋葱末	30克
干辣椒末	5克
花椒	10粒
花生碎	50克
姜末	25克
蒜末	25克

腌料 Marinade

酱油	1茶匙
白糖	1/4茶匙
绍酒	1大匙
淀粉	1茶匙
鸡蛋	1/2个

调料 Seasoning

酱油	1茶匙
味精	1/4茶匙
白糖	1/2茶匙
白醋	1/2茶匙
水淀粉	1/4茶匙

做法 Recipe

1 将羊小排洗净，斩块，去除多余油脂，再加入腌料拌匀，腌制约1小时。

2 热锅，倒入适量色拉油烧热，转中火，放入腌好的羊小排，两面煎熟后取出装盘。

3 锅内留少许底油，转小火，放入干辣椒末、花椒、洋葱末，转中火快炒约3分钟后，加入姜末、蒜末一起炒匀爆香。

4 将调料（水淀粉先不加入）加入锅内拌匀后，倒入水淀粉勾薄芡，再起锅淋于盘中的羊小排上，最后撒上花生碎即可。

小贴士 Tips

✚ 切好的羊排一定要用凉水泡上1~2个小时，以便将羊排中的残血排出。

食材特点 Characteristics

洋葱：洋葱的辛辣能刺激胃、肠及消化腺分泌，增进食欲，促进消化，可用于治疗消化不良、食欲不振、食积内停等症。

花椒：花椒能促进唾液分泌，增加食欲；还能使血管扩张，从而起到降低血压的作用。一般人群均能食用花椒，但孕妇、阴虚火旺者应忌食。

菠萝炒排骨

一般情况下，肉类和水果如搭配在一起，往往会因口味的悬殊而使得菜肴在味道上怪怪的。但是菠萝和排骨，却恰好能巧妙地结合在一起，而不用担心口味的差距。菠萝炒排骨，既有浓郁的肉香，又因为有菠萝的调和而使整道菜不至于太油腻，可谓营养美味兼备。

材料 Ingredient

猪排骨	300克
去皮菠萝	120克
姜片	5克

腌料 Marinade

盐	1/4匙
白糖	1/2匙
蛋清	1大匙
米酒	1/2匙
水	1大匙
淀粉	3大匙

调料 Seasoning

A:	
盐	1/6茶匙
白醋	2大匙
番茄酱	1大匙
白糖	2大匙
水	1大匙
B:	
水淀粉	1/2大匙
香油	1茶匙

做法 Recipe

❶ 将猪排骨洗净，斩块，沥干，用腌料抓匀腌制5分钟；菠萝切片，备用。

❷ 热锅，倒入2大匙色拉油，待油温烧热至约160℃，将腌好的排骨放入油锅，以小火炸约10分钟至表面酥脆后，捞起备用。

❸ 将锅中的油倒出，开小火，放入菠萝片、姜片及调料A，煮至沸腾后用水淀粉勾芡。

❹ 放入炸好的排骨，以小火炒匀，洒上香油即可。

暖冬美食：

西芹炒羊排

因为冬季的寒冷和羊肉温补的属性，让羊肉成了冬季的绝佳美食。下班、放学回来的人们从寒风凛凛的室外回到家，最幸福的时刻就是羊肉温润的气味扑面而来，整个人被暖暖的气氛包围，似乎冬天也没那么冷了，而那一抹西芹的绿更是为冬天的肃杀增添了丝丝生气。

材料 Ingredient

羊排	250克
西芹	2根
胡萝卜	20克
洋葱	30克
蒜	10克
红辣椒	1个

调料 Seasoning

盐	1小匙
酱油	1大匙
白糖	1小匙
粗黑胡椒粉	1小匙

腌料 Marinade

西芹碎	10克
胡萝卜碎	10克
洋葱碎	100克
水	600毫升

做法 Recipe

1. 将腌料混合，再将羊排放入腌料中腌制约20分钟。

2. 将材料中的西芹洗净，切片；胡萝卜、洋葱均洗净，去皮，切丝；蒜、红辣椒均洗净，切片。

3. 先将羊排煎过，再将材料中切好的蔬菜加入一起翻炒。

4. 加入所有的调料一起炒匀即可。

煎炸篇

煎炸之妙，无法言说

在世界美食之林，中国菜称得上是奇葩一朵。这一点不仅国人肯定，就连高鼻子卷头发的"歪果仁"也是连连称赞，单从那中餐馆在太平洋彼岸高冷的菜价就可见一斑。倘若要问那留过洋再回国，其肠胃经历过长期对比体验的朋友，他们大多会答：中国菜，油水多！

没错，菜想做得好吃，油是首要的关键，这几乎得到了专业资深厨师和民间巧手主妇的共同认可。

若论最能发挥油之极致的烹饪技法，非"煎、炸"二者莫属。

这二者，有着解不开的历史渊源。

据历史学家分析，煎的起源可能有两种：一是源于铁板烧。即古人在烧烤时意外发现，烤肉前，给金属板抹上一层油，肉竟然就不会粘在上面了，于是"煎"就此发明；二是煎、炸同源。在花生、芝麻等油料作物还未能广泛种植的古代，榨取食油可不是容易的事儿，出于节约考虑，"煎"作为精简版的"炸"便应运而生。

总之，煎与炸的历史，大抵是同步的，距今约有数千年。

比起用水的或蒸或煮或熬或涮，煎炸之物的味道确实更胜一筹，其奥妙在于油与食材发生的化学反应中蕴含着快速而复杂的神奇变化：煎炸食物时，油受热升温，食材接触的瞬间，其表面温度迅速升高，水分立刻汽化，形成了酥脆多孔的干燥硬壳，顷刻间，酥脆的口感即被造就；同时，因表面发生了焦糖化反应和分解作用，独特的油炸香味"油然而生"；反观壳内，表层的硬壳阻止了内部水分的蒸发，蒸汽压增强，内部被加速成熟，鲜嫩的口感也就此形成。

比较而言，"煎"和"炸"同根而生，却各有各的精彩：对"煎"来说，用油量少，就要求火必须得小，这样才能让油温不至于过高，食材不至于外表糊了内瓤还没熟，比如煎个鸡蛋，煎个锅贴；于"炸"而言，油量自

然要多，比如炸个红薯片，炸个肉丸子，油量起码要没过食材，这就要求火必须得大，才能让油温不至于过低，食材不至于浸在油里"静静地泡澡"。这两种技法，同样以油为介质，却各有所长。

其实，从物理学的能量守恒定律来看，"煎"和"炸"倒是一对势均力敌的对手。假设已知加热成熟同一道食材需要的能量固定，那么"煎"的少油慢火相当于低功率，自然要多耗费一些时间；"炸"的多油快火相当于高功率，理所应当可少耽误一些工夫。

也就是说，对"煎"而言，得更舍得工夫；对"炸"来说，得更舍得油。

再往深处想，这俨然是时间和金钱的博弈啊！难怪老人过日子节俭，一般都是煎的多，还常念叨"偏偏不当家不知柴米贵的年轻人，总爱那费油的炸货"。言外之意是承认油炸的确实好吃，另一方面却也透着舍不得的怜惜劲儿。

煎炸食物真真儿的费油！事实上，在三四十年前那物质匮乏的年代，享用煎炸食品意味着丰足。但即便是过年，人们也只是炸素丸子，炸素豆腐，如此这般将素菜"过过油水儿"，倘若谁家要是用油煎炸了荤食，那可真是奢侈中的奢侈。

这其中，排骨更是普通人梦寐以求的食材。先不说凭票供应有再多钱也买不到的大环境，单是排骨本身富含油脂，再浪费油去烹饪，难免让钱袋子并不充盈的人们觉得心疼和浪费。然而，当热油将脂类融化，肉质"滋滋"作响并散发出阵阵香气，那纵是隔着一条巷子也难免被吸引驻足的魔力，又怎能让食欲大增者善罢甘休。

好在今非昔比，物质生活的富足让人们免除了后顾之忧。人们早已将这"费肉费油费时间"的金贵大餐收为囊中之物，不必再瞻前顾后，盘算着一分一厘自问"下个月咋过"。此刻，你还在等什么？不妨就跟随这诱人的香气，尽情享受油炸排骨、香煎排骨等舌尖惊喜，心无旁骛地随着这美味的列车，踏上那早就心之所向的美食旅程。

夏日清爽美食：

橙汁排骨

到了夏天，很多人的食欲会随着气温的升高而下降，尤其对于肉类更是不愿尝试，因为感觉吃了肉之后人会更加地燥热。其实，稍微用一点小心机，天气再热也可以享受美食。夏天水果正当季，加点橙子进行烹调，橙汁的果酸能中和排骨的油腻，排骨中又带了果香，微微的酸甜味给人感觉有如炎炎夏日里一阵突然袭来的清凉微风。

材料 Ingredient

猪里脊肉大排	2片
水淀粉	适量
橙皮	适量

调料 Seasoning

盐	适量
白糖	适量
橙汁	50毫升

腌料 Marinade

盐	适量
白糖	适量
橙汁	2大匙
酱油	1小匙
淀粉	适量

做法 Recipe

1. 将猪里脊肉大排洗净，擦干水；橙皮洗净，去掉白色纤维，切丝备用。

2. 取一容器，放入里脊肉大排、橙皮丝与腌料搅拌均匀，备用。

3. 起一锅，放入适量色拉油烧热至约160℃，将腌好的排骨放入油锅中炸2分钟，捞起备用。

4. 另起一锅，倒入适量的油后，将调料放入其中并搅拌均匀。

5. 放入炸好的排骨煮至入味后，最后以水淀粉勾薄芡即可。

小贴士 Tips

+ 不要用市售的橙味饮料来代替橙汁，市售饮料味道甜含水多，而橙汁的含量极少，烹制出来的橙味不够浓郁。

食材特点 Characteristics

橙皮：橙皮为芸香科植物甜橙的果皮，可做中药，味辛微苦，入脾、肺二经，对慢性支气管炎有一定的辅助治疗作用。

橙汁：橙汁富含维生素C，但维生素C是一种很不稳定的营养素，只要接触空气便会流失，所以，橙汁最好在半小时内就喝完。

香料美食：

香茅炸猪排

东南亚地区的饭桌上经常出现一种香料——香茅，它的味道很独特，有一点淡淡的柠檬香，用来腌制猪排再合适不过了，特别入味，每咬一口都有香气在嘴里。但是同时，香茅又能把猪排的肉味很好地烘托出来，不会由于香料的发散而掩盖了猪排的香，香茅还是很甘愿做一个安静的配角。

材料 Ingredient

猪排	2片
	（约260克）
蒜泥	20克
姜泥	20克
淀粉	30克

腌料 Marinade

水	1大匙
酱油	1大匙
米酒	1茶匙
白糖	2茶匙
香茅粉	1/2茶匙
白胡椒粉	1/4茶匙

做法 Recipe

1. 将猪排洗净，用肉槌拍松，并断筋备用。
2. 将蒜泥、姜泥与所有腌料拌匀。
3. 将备好的猪排加入混合的腌料拌匀，腌制30分钟，备用。
4. 将腌好的猪排加入淀粉拌匀成黏稠状，备用。
5. 起油锅，将油烧热至约180℃，放入猪排，以中火炸约5分钟至表皮金黄酥脆，捞出沥干油即可。

小贴士 Tips

+ 炸之前先将猪排割几个口，尤其是有筋的地方，这样炸出的猪排才不会收缩。

食材特点 Characteristics

香茅：因有柠檬香气，故又被称为柠檬草，可作为调料使用，也可直接泡水，亦可用来制作精油，对治疗偏头痛、抗感染、改善消化功能等有一定效果。

米酒：以糯米为原料发酵而成，富含多种维生素和微量元素，赖氨酸含量极高，能促进人体发育、增强免疫功能。

异国风情餐：

味噌炸排骨

味噌是日本和韩国料理中必不可少的调味品，随着近几年日韩料理在国内越来越受欢迎，越来越多的人开始喜欢味噌。味噌类似于我们的大酱，只是味道稍有区别。吃惯了口味浓郁厚重的酱排骨，偶尔尝试一下新鲜的味噌排骨，感受一下日韩的别样风情也能为生活增添一丝丝小情调。

材料 Ingredient

猪里脊肉大排	2片
葱末	5克
地瓜粉	1/2杯
面包粉	1杯

腌料 Marinade

米酒	3大匙
味啉	2大匙
味噌	3大匙

做法 Recipe

1. 将猪里脊肉大排洗净，擦干；地瓜粉、面包粉拌匀，备用。

2. 取一容器，倒入所有腌料调匀，放入葱末，将里脊肉大排与腌料充分拌匀，腌制30分钟，备用。

3. 将腌好的里脊肉大排放入调匀的地瓜面包粉中，均匀地沾上粉后，备用。

4. 起一锅，放入适量色拉油烧热至约160℃，再放入里脊肉大排，转小火炸2分钟捞起。

5. 续转大火，再次放入炸过的里脊肉大排，炸至外观呈金黄色即可捞起。

勾起孩子的食欲：

蜜汁排骨

孩子总有那么一段时间不爱吃饭，即使"威逼利诱"使尽各种办法想让他们多吃几口，结果也总不理想，怎么勾起孩子的食欲就成了妈妈们最头疼的问题。或许一盘蜜汁排骨就能解决这个问题，色泽鲜艳、香甜微酸、口感酥烂、味道浓郁，这样色、香、味俱全的菜肴，孩子怎能不爱呢？

材料 Ingredient

猪大里脊排	2片
白芝麻	适量

调料 Seasoning

味淋	1大匙
酱油	1大匙
水	3大匙

腌料 Marinade

蜂蜜	2大匙
酱油	2大匙
米酒	2大匙

做法 Recipe

1 将带骨的猪大里脊排洗净，用刀背或肉槌略拍数下，放入拌匀的腌料中浸泡10分钟至入味；白芝麻炒香备用。

2 取一平底锅，烧热后倒入少许色拉油，放入浸泡好的大里脊排，用小火煎炸至两面皆变色后取出。

3 锅底留余汁，再加入所有调料煮开，放入煎好的大里脊排，用小火煮至酱汁变浓稠后，取出大里脊排，并撒上熟白芝麻即可。

化不开的浓郁：
蒜汁炸排骨

当鼻子闻到蒜香的那一刻起，双脚就再也无法移动，就像是被定在了原地一样，口水都差点忍不住淌下来。炸过的排骨既有酥脆的口感又保有肉质本身的韧劲，可口又耐嚼，上面裹着醇厚的调味蒜汁，化不开的浓郁让人实在移不开筷子，一丁点儿都不舍得浪费，那样的情景恐怕也只有盘光碗净才可以形容了！

材料 Ingredient

猪肋排	1根
	（约250克）
蒜	40克

腌料 Marinade

A:

盐	1/4茶匙
鸡精	1/4茶匙
白糖	1茶匙
料酒	1大匙
水	3大匙
小苏打	1/8茶匙

B:

淀粉	2大匙
蛋清	1大匙

做法 Recipe

1. 将猪肋排洗净，剁成小段，将腌料A中所有的腌料与蒜一同放入果汁机，搅打成泥后再加入蛋清，放入猪肋排抓匀，腌制20分钟备用。

2. 将淀粉加入腌过的猪肋排抓匀备用。

3. 热锅，倒入约200毫升色拉油，以大火将油温烧热至约160℃后，将猪肋排下锅，转小火炸约6分钟，再转中火将猪肋排表面炸至金黄酥脆即可。

小贴士 Tips

+ 猪肋排要挑水分少、颜色新鲜、肥瘦相间的。
+ 用炸过大蒜的油来炸猪肋排会更香。

食材特点 Characteristics

小苏打：也被称为食用碱，将小苏打溶水和入面中能使食品更加蓬松，但如果添加过量会影响食物口感。注意，痛风病人要少食。

蛋清：就是鸡蛋白，富含优质蛋白质和人体必需的8种氨基酸，可润肺利咽、清热解毒。蛋清在烹饪时多用来上浆，也是制作双皮奶等小吃的重要原料。

韩剧里的美食：
韩式炸猪排

虽然炸猪排并非韩国的传统料理，但他们对其进行了韩国式的改良，成为男女老少都喜欢的美食，那里几乎就是炸猪排的天下，大街小巷随处可见卖炸猪排的小店。在韩剧中，男女主角的爱情故事如王子公主一般浪漫唯美，可当他们吃炸猪排时却完全顾不得形象，可见炸猪排的美味真是无法阻挡，光看着都让人垂涎三尺。

材料 Ingredient

A:
猪里脊排	4片
（约300克）	
低筋面粉	1/2杯

B:
低筋面粉	1杯
细玉米粉	2杯
盐	1/2茶匙
白糖	1茶匙
香蒜粉	1茶匙
水	1.5杯

腌料 Marinade

洋葱	40克
姜	10克
蒜	40克
水	50毫升
韩国辣椒酱	2大匙
白糖	1大匙
鱼露	1大匙
料酒	1大匙

做法 Recipe

1. 将所有材料B拌匀成粉浆；将所有腌料放入果汁机中搅打均匀，备用。

2. 将猪里脊排用肉槌拍成厚约0.5厘米的薄片，再用刀把猪里脊排的肉筋切断。

3. 取猪里脊排放入腌汁中抓拌均匀，腌制约20分钟，备用。

4. 取出腌制好的猪里脊排，将两面均匀地沾上低筋面粉，再裹上混合拌匀的粉浆。

5. 热油锅至油温约150℃，放入猪里脊排以小火炸约2分钟，再改中火炸至表面呈金黄酥脆状即可。

小贴士 Tips

+ 猪里脊排裹上粉浆之后，也可以再用鸡蛋液浸泡一下，这样可以使炸猪排更加酥脆。

食材特点 Characteristics

低筋面粉：是指含水分13.8%、粗蛋白质8.5%以下的面粉，通常用来做蛋糕、饼干、酥皮类点心等，具有养心、益肾、除热、止渴等功效。

鱼露：是用鱼虾为原料，经腌渍、发酵、熬炼后而成的，呈琥珀色，味道咸鲜。痛风、心脏病、肾脏病、急慢性肝炎患者不宜食用。

大海的味道：
海苔猪排

海苔是寿司和日式饭团的一层外衣，既能做正餐的食材，也是一种健康的零食，这样的食物真的极少。寿司和饭团都是作为主食而深受大众的喜欢，可是也不要小看海苔的实力，把它加入到菜里面也能大展身手。将之裹在猪里脊排外面一起油炸，海苔微咸的口味更烘托出猪排愈加浓郁的肉香，其中又夹杂着一点来自大海的味道。

材料 Ingredient

A:
猪里脊排	2片
	（约150克）

B:
鸡蛋	1个
低筋面粉	30克
面包粉	50克
海苔粉	1大匙

腌料 Marinade

盐	1/8茶匙
白糖	1/4茶匙
迷迭香粉	1/6茶匙
白胡椒粉	1/6茶匙
水	1大匙

做法 Recipe

1. 将猪里脊排洗净，用肉槌拍松，用刀把猪里脊排的肉筋切断；将鸡蛋打散成蛋液；将面包粉和海苔粉拌匀，备用。

2. 将所有腌料拌匀，均匀地撒在备好的猪里脊排上，抓匀，腌制约20分钟，备用。

3. 取出腌制好的猪里脊排，先均匀地沾上低筋面粉，然后裹上蛋液，最后裹上海苔面包粉并稍微用力压紧。

4. 热油锅至油温约120℃，放入处理好的猪里脊排以小火炸约3分钟，再改中火将猪里脊排炸至表面呈金黄酥脆状即可。

小贴士 Tips

+ 海苔粉也可以在家中自制：将紫菜撕碎；锅中放少许油烧热，放入紫菜碎；以小火煸炒，直到紫菜由黑紫色变成绿色，再加适量盐调味；晾凉后将变绿的紫菜碎放入食品加工机中打成细粉状即可。

食材特点 Characteristics

海苔：以紫菜为原料的制成品，具有祛脂降压、利尿消肿、提高免疫力、壮骨、养颜护肤、抗衰抗辐射等功效。

鸡蛋：鸡蛋的营养价值很高。一般来说，健康成年人每天吃1个鸡蛋为宜，食用过多鸡蛋反而会加重肾脏负担。

闲暇时光的零食：
排骨酥

对于上班族来说，忙碌了一整周，在周末的时候只想睡到自然醒，慵懒地享受着难得的轻松时光。可以选择的消遣方式很多，比如吃点特别的，犒劳一下自己，并为下一周继续努力工作的自己加油打气。其实，排骨酥很适合作为零食，窝在沙发里，看着喜欢的电视剧，捧着一盘金黄的排骨酥，一口接着一口，周末的休闲时光就是要慢慢地度过。

材料 Ingredient		腌料 Marinade	
猪排骨	600克	水	4大匙
淀粉	20克	盐	1/4茶匙
地瓜粉	100克	香油	1大匙
		蒜泥	30克
		酱油	1大匙
		白糖	1大匙
		米酒	1大匙
		五香粉	1/2茶匙
		甘草粉	1/4茶匙
		白胡椒粉	1/4茶匙

做法 Recipe

❶ 将猪排骨切成适当大小的块，洗净，沥干水分，放入稍大的容器中备用。

❷ 将所有腌料混合并倒入容器中。

❸ 将排骨块与腌料抓匀，使腌料充分入味，放置约5分钟，盖上保鲜膜腌制30分钟。

❹ 再加入淀粉拌匀成黏稠状。

❺ 再将排骨均匀地沾裹上地瓜粉，静置约1分钟返潮，备用。

❻ 热油锅，待油温烧热至约180℃，放入排骨，以中火炸约5分钟至表皮金黄酥脆，捞出沥油即可。

小贴士 Tips

➕ 用软骨排效果会更好。

香煎牛小排

相对于猪排，牛小排咀嚼起来更加有韧劲，吃过之后更加有成就感。香煎牛小排是粤菜里的一道名菜，作为兼收并蓄的粤菜，总能用西式的方法呈现出中式的美味，用鲜奶油代替食用油来煎牛小排，软烂鲜香，又没有那么油腻，还有挥之不去的奶香味，给人带来一种与众不同的香甜感受，特别好吃，尤其是孩子非常喜欢。

材料 Ingredient

牛小排	3块
奶油	60克

腌料 Marinade

巴比烤酱	适量

做法 Recipe

1. 牛小排洗净，加入巴比烤酱拌匀，腌制约20分钟。

2. 热一锅，放入奶油烧热，以中火烧至8成热，然后转小火。

3. 将腌好的牛小排放入锅中，每面煎约4分钟，至表皮香酥即可。

焦香又筋道：
七味蒜片煎牛小排

七味粉又称七味唐辛子，是日本料理中的一种调味料，由七种不同的香辛料配制而成，主要为辣椒，味道不太浓烈，调味的作用不是很强，主要是增加食物的香气。蒜就更不必多说，真正的吃货有谁会不喜欢大蒜呢？这道菜中，牛小排是绝对的主角，筋道柔韧、焦香可口，让人吃一口就再也忘不了那个味道。

材料 Ingredient

去骨牛小排　　300克
蒜　　　　　　30克

调料 Seasoning

七味粉　　　　1茶匙
盐　　　　　　1/2茶匙

做法 Recipe

1 将去骨牛小排洗净，切片；蒜切片，备用。

2 热锅，倒入2大匙色拉油，将蒜片下锅，以小火煎至金黄色后，取出蒜片备用。

3 再将牛小排下锅，以小火煎至两面微焦香后，均匀地撒上盐，取出装盘。

4 将煎好的蒜片及七味粉撒至牛排上即可。

没有腥膻味的羊排：

香煎羊小排

说到羊排，很多人都怕那个腥膻味，尤其是煎的时候，火候掌握不好，里面就可能会夹生带血水，那个味道确实不怎么样。不过，事先用米酒腌制一下，就能保证羊小排在煎的时候完全成熟，而且不会有腥味。蒜末黑胡椒酱料的咸香和羊小排的浓郁肉汁融合在一起，会呈现出一种很舒服的味道。

材料 Ingredient

羊小排	300克
生菜	2片

调料 Seasoning

黑胡椒酱	1大匙
蒜末	1小匙
米酒	适量

做法 Recipe

1 将黑胡椒酱、蒜末混匀，入锅略炒，备用。

2 将羊小排洗净，加入米酒腌制10分钟；生菜洗净，铺于盘底，备用。

3 取锅烧热后，倒入2大匙油，将腌制后的羊小排下锅煎熟后捞起，放入生菜盘中，均匀地淋上调匀的蒜味黑胡椒酱即可。

夜市里的台湾：
台式炸猪大排

很多人说去中国台湾玩，没有去台北夜市，就不算真正去过。台北夜市大概在晚上12点多开始，一直营业到凌晨3点多，不光本地人爱夜市的热闹，越来越多的游客也喜欢上了夜市里不一样的台湾。夜市里琳琅满目的各类小吃就是宝岛美食的精华所在，手里举着一块金灿灿的炸猪排，一边享受美味，一边又生怕撞到旁边的人。

材料 Ingredient

猪大排	1片
蒜泥	15克
淀粉	30克

腌料 Marinade

酱油	1大匙
五香粉	1/4茶匙
米酒	1茶匙
水	1大匙
鸡蛋清	1个

做法 Recipe

1. 将猪大排洗净，用肉槌拍松，加入所有腌料和蒜泥拌匀，腌制30分钟，备用。

2. 将腌好的猪大排加入淀粉拌匀，使之裹上一层淀粉糊，备用。

3. 热一锅，倒入约400毫升色拉油，待油温烧热至约180℃，放入处理好的猪大排，以小火炸约5分钟至表皮金黄酥脆时，捞出沥干油即可。

风味大不同：

椒盐排骨

椒盐排骨是南北方都很常见的一种美食，只不过椒盐在南北方的意思并不相同。在北方椒盐大多是指花椒盐，但是对于南方的粤菜来说却不是，而是把青椒粒、红椒粒和蒜末爆香，放入炸好的排骨，再加上盐和味精以大火翻炒才是椒盐排骨。椒盐覆盖在排骨肉上，肉质细腻、肉感十足，口味则咸香可口，作为正餐或休闲食品都是不错的选择。

材料 Ingredient

猪排骨	300克
葱花	30克
蒜末	15克
红辣椒末	15克

腌料 Marinade

盐	1/4茶匙
鸡粉	1/4茶匙
白糖	1/2茶匙
小苏打	1/8茶匙
鸡蛋清	1大匙
米酒	1/2大匙
水	1大匙
淀粉	3大匙

调料 Seasoning

椒盐粉	1茶匙

做法 Recipe

① 将猪排骨剁成小块，洗净，沥干。

② 将腌料混合调匀，将排骨放入腌制约30分钟。

③ 热一锅，倒入2大匙色拉油烧热至约160℃，将腌好的排骨一块一块地放入油锅，以小火炸约12分钟至表面酥脆后捞起。

④ 洗净锅，放入少许色拉油，小火爆香葱花、蒜末及辣椒末，再放入炸好的排骨，最后撒上椒盐粉以小火炒匀即可。

小贴士 Tips

⊕ 在最后的拌炒步骤中，汁一定要收干，否则会严重影响成品的色泽和口感。

食材特点 Characteristics

红辣椒：红辣椒比黄辣椒、绿辣椒含有更丰富的维生素C和胡萝卜素，不仅可作为调味品使用，还有行血、散寒、解郁、健胃的功效。

鸡粉：鸡粉不同于鸡精，是真正含鸡肉成分的，而且功能和作用也不太一样。鸡精主要用于增加香味，而鸡粉主要用于增加鲜味。

妈妈的奖励：
酸辣排骨

酸辣排骨在家常菜中人气相当高，不管是没有食欲、不想吃饭，还是单纯地想吃肉了，一定要试试这道超级下饭的酸辣排骨，不过为了肠胃的健康，还是不要做得太酸太辣，适量就好了。上学的时候，每次考了好成绩或者被老师夸奖，这道菜总会作为妈妈的奖励出现在餐桌上，不知不觉，这道菜背后就有了特殊的意义。

材料 Ingredient

猪排骨	400克
葱花	40克
蒜末	30克

腌料 Marinade

A:

白糖	1茶匙
米酒	1大匙
水	3大匙
鸡蛋清	1大匙
小苏打	1/8茶匙
盐	1/4茶匙
淀粉	1大匙

B:

色拉油	2大匙

调料 Seasoning

辣椒酱	3大匙
白醋	2大匙
白糖	1大匙
米酒	2大匙
水	50毫升
水淀粉	1大匙
香油	1大匙

做法 Recipe

1. 将猪排骨剁小块，洗净；将腌料A混合；放入排骨拌匀，腌制约20分钟后，加入色拉油略拌备用。

2. 热一锅，倒入200毫升色拉油，待油温烧至约150℃，将腌好的排骨下锅，以小火炸约6分钟，起锅沥干油备用。

3. 在锅中留约2大匙油，以小火炒香蒜末、辣椒酱，加入白醋、米酒、水及白糖炒匀。

4. 加入炸好的排骨，以小火略炒约半分钟，加入水淀粉勾芡，最后撒入葱花、淋上香油拌匀即可。

小贴士 Tips

+ 各种调味品的分量可以按照自己的口味进行增减，不喜欢辣的也可以少放些辣椒酱。

食材特点 Characteristics

辣椒酱：分油制和水制两种。油制是用香油和辣椒制成，颜色鲜红，容易保存；水制是用水和辣椒制成，再加入蒜、姜、糖、盐等，味道更鲜美。

香油：从芝麻中提炼出来，具有特别的香味，故称为香油，含人体必需的不饱和脂肪酸和氨基酸，以及丰富的维生素和矿物质。

平凡而又不平凡：
黑胡椒猪排

黑胡椒有着传奇的身世，当年罗马帝国重金打造舰队，只是要跟印度购买价如黄金的黑胡椒。后来罗马城陷，付出的代价不是金银珠宝，居然也是大量的黑胡椒。现在随便去趟超市就能买到的东西，很难想象当时欧洲贵族对黑胡椒的热烈追捧。今天黑胡椒只是普通家庭厨房的一样调味品，但它仍然满足着大家对食物的欲望。

材料 Ingredient

A:
猪里脊排	300克

B:
低筋面粉	1/2杯
淀粉	1杯
黏米粉	1/2杯
辣椒粉	1大匙
香蒜粉	2大匙
黑胡椒粒	1大匙

腌料 Marinade

A:
葱	2根
姜	10克
蒜	40克
水	100毫升

B:
洋葱粉	1茶匙
香芹粉	1茶匙
香菜粉	1茶匙
黑胡椒粉	1大匙
白糖	1大匙
盐	1茶匙
料酒	2大匙

做法 Recipe

1. 将猪里脊排洗净，用肉槌拍成厚约0.5厘米的薄片，用刀把猪里脊排的肉筋切断。

2. 将所有材料B拌匀成炸粉，备用；将所有腌料A放入果汁机中搅打成汁，用滤网将调料渣滤除，再加入所有腌料B拌匀成腌汁；放入猪里脊排抓拌均匀，腌制约20分钟，备用。

3. 取猪里脊排放入炸粉中，用手掌按压让炸粉均匀沾紧，翻至另一面同样略按压后，拿起轻轻抖掉多余的炸粉。

4. 将猪里脊排静置约1分钟以让炸粉回潮。

5. 热油锅至油温约150℃，放入猪里脊排以小火炸约2分钟，再改中火炸至表面金黄酥脆后，起锅即可。

食材特点 Characteristics

黏米粉：又叫大米粉或籼米粉，是用大米磨成的粉。真正纯正的黏米粉并非是雪白的，而是微微带点灰白。注意，糖尿病患者不宜多食。

黑胡椒：原产于印度，是人们最早食用的香料之一。黑胡椒果味辛辣，香馥味则来自其含有的胡椒碱。医学上，黑胡椒还可作为祛风药来使用。

只愿美味能停留：

经典炸排骨

精心腌制过的猪排，鲜嫩多汁，包裹着特别的地瓜粉的"小肉体"，下锅炸过之后香喷喷的，含在嘴里，让人都不舍得咽下去。美食果然能让人变得贪婪，只想时间能够为我静止，喷香的味道能在嘴里多停留一会儿，一会儿就好。最后，千万不要忘了，大块的排骨吃完之后，盘底剩下的渣子也绝不能浪费，那个真的是精华哦！

材料 Ingredient

猪肉排	240克
葱段	20克
姜	20克
蒜泥	15克
地瓜粉	100克

腌料 Marinade

酱油	1大匙
白糖	1茶匙
甘草粉	1/4茶匙
五香粉	1/4茶匙
米酒	1大匙
水	3大匙

做法 Recipe

① 将猪肉排洗净，用肉槌拍松并断筋。

② 将葱段和姜洗净，拍松，放入大碗中。

③ 在大碗中加入水和米酒腌出汁后，挑去葱段和姜，加入蒜泥和其余腌料，拌匀成腌汁。

④ 将猪肉排放入腌汁中腌制30分钟。

⑤ 再将腌好的猪肉排均匀地沾上地瓜粉，备用。

⑥ 热一油锅，待油温烧热至约180℃，放入猪肉排，以中火炸约5分钟至表皮呈金黄酥脆，捞出沥干油即可。

阳春三月吃椿芽儿：
香椿排骨

春暖花开的时节，将时令菜品摆上餐桌健康又应景。谷雨前，香椿嫩芽破"茎"而出，故民间有"三月八，吃椿芽儿"的说法。因为"雨前香椿嫩如丝，雨后椿芽生木质"，所以谷雨前是食用香椿的最佳时节，这时的香椿真的是醇香爽口、营养丰富。香椿浓郁的清香、柔嫩的质地与排骨搭配在一起，仿佛眼前出现一幅草长莺飞、微风荡漾的春日景象。

材料 Ingredient

猪排骨	500克
香椿叶	50克
鸡蛋	1个
面包粉	150克
淀粉	50克

腌料 Marinade

五香粉	1小匙
盐	少许
黑胡椒粉	少许
香油	1小匙
酱油	1大匙
水	200毫升

做法 Recipe

1. 将猪排骨洗净，擦干；鸡蛋磕破，取蛋液；香椿叶洗净，沥干，切碎，备用。
2. 将面包粉与淀粉混合拌匀，备用。
3. 将排骨放入容器中，加入鸡蛋液和所有腌料，搅拌均匀后腌制20分钟，备用。
4. 将香椿碎加入容器中和排骨一起搅拌均匀，再将排骨放入混合的面包粉和淀粉中，使之均匀地沾上粉，备用。
5. 起锅，放入适量色拉油烧热至约160℃，将排骨放入油锅中炸约3分钟至金黄色，捞出即可。

小贴士 Tips

+ 最好将香椿在沸水中焯烫1分钟左右，这样有助于去除其中含有的亚硝酸盐和硝酸盐。

食材特点 Characteristics

香椿：香椿含有丰富的维生素C和胡萝卜素等，有助于增强机体免疫功能，并有润滑肌肤的作用，是保健美容的佳品。

五香粉：是将超过5种的香料研磨成粉状并混合在一起，其名称来自于中国文化对酸、甜、苦、辣、咸五味要求的平衡。

朴素也能美味：
葱酥排骨

对于食客们来说，好吃的东西和不好吃的东西的区别就是，饱了还能吃两口和吃两口就饱了，葱酥排骨显然属于前者。离骨头最近的肉是最好吃的，这是大家公认的，那排骨便是首选的美味。排骨有着海纳百川的个性，它几乎跟我们能吃到的大多数食材都能搭配在一起，就算那个搭档只是最朴素的葱，它也绝不会让吃到的人失望。

材料 Ingredient

猪排骨	400克
辣椒	2个
葱花	40克
红葱酥	30克

腌料 Marinade

A:

盐	1/4茶匙
白糖	1茶匙
米酒	1大匙
水	3大匙
蛋清	1大匙
小苏打	1/8茶匙

B:

淀粉	3大匙
色拉油	2大匙

调料 Seasoning

胡椒盐	2茶匙

做法 Recipe

1. 将猪排骨剁小块，洗净，用腌料A拌匀腌制约20分钟后，加入淀粉拌匀，再加入色拉油略拌；辣椒洗净，切末，备用。

2. 热一锅，倒入约400毫升色拉油，待油温烧至约150℃，将腌好的排骨下锅，以小火炸约6分钟后，起锅沥油备用。

3. 锅中留约1大匙油，热锅后以小火炒香葱花及辣椒末，再加入炸好的排骨及红葱酥炒匀，最后撒上胡椒盐炒匀即可。

小贴士 Tips

+ 这道菜不宜与蜂蜜同食，因为蜂蜜中的各种酶会与葱发生反应，产生对人体有害的物质，容易导致腹泻、胃肠道不适。

食材特点 Characteristics

葱：葱不仅营养丰富，而且其所含的苹果酸和磷酸糖能促进血液循环，故常吃葱能减少胆固醇在血管壁上的堆积。

色拉油：色拉油澄清、透明、无气味、口感好，烹饪时不起沫、烟少，能保持菜肴的本色本味，除作为煎炸用油外，还可用于冷餐凉拌。

传统炸排骨

炸排骨是逢年过节或者宴客待友时，摆上桌一定会搏得满堂彩的一道大菜，只要它上了桌，油炸的香味就会立刻把其他的味道都掩盖下去，让人无法不注意它，男女老少皆宜。如果有一本关于吃炸排骨攻略的书，那么第一条一定是"刚出锅就趁热吃"，当排骨进到嘴里，舌头的悸动就正式开始了。

材料 Ingredient

猪肉排	240克
淀粉	30克

腌料 Marinade

蒜泥	30克
酱油	1大匙
盐	1/4茶匙
白糖	1大匙
米酒	1大匙
水	4大匙
白胡椒粉	1/4茶匙
五香粉	1/2茶匙
甘草粉	1/4茶匙

做法 Recipe

1. 将猪肉排洗净，用肉槌拍松并断筋后，加入所有腌料拌匀，腌制30分钟。

2. 将腌好的猪肉排两面沾裹淀粉拌匀，使其表面均匀地裹上一层淀粉糊，备用。

3. 热一油锅，待油温烧热至约180℃，放入猪肉排，以中火炸约5分钟至表皮金黄酥脆时，捞出沥干油即可。

小贴士 Tips

+ 将猪肉排裹湿粉炸制的关键，在于淀粉的浓稠度要调整得恰到好处，让猪肉排可以薄薄地裹上一层湿粉，油炸后口感最佳。

+ 如上文所说，炸排骨一定要出锅趁热吃，否则等凉了就会变得又老又韧。当然，吃的时候也要小心烫嘴。

食材特点 Characteristics

甘草：甘草在中药里属于补药类，性平、味甘，归心、肺、脾、胃经，主要有益气健脾、清热解毒、祛痰止咳、缓急止痛、调合诸药等作用。

白胡椒：白胡椒的药用价值稍高一些，调味作用稍次，它的味道相对黑胡椒来说更为辛辣，因此散寒、健胃的功能更强。

给肉排做按摩：

酥炸肉排

油炸能改变食材本身的风味，并且赋予食材特有的金黄外表，口感香酥柔嫩，总能勾起人的食欲。油炸之前通常有一个把肉排拍松的动作，这是为了把肉的纤维敲断，让肉排变薄一点，避免在油炸的过程中收缩，最终目的就是希望肉质更加松软可口。酥炸肉排最关键的步骤就是拍打肉排，为它做按摩的过程，这决定了肉排最终的口感。

材料 Ingredient

猪肉排	160克
蒜末	15克
地瓜粉	100克

腌料 Marinade

酱油	1茶匙
五香粉	1/4茶匙
料酒	1茶匙
水	1大匙
鸡蛋清	1个

调料 Seasoning

椒盐粉	1茶匙

做法 Recipe

1. 将猪肉排洗净，用肉槌拍成厚约0.5厘米的薄片；将所有腌料与蒜末一起拌匀，再与打薄的猪肉排抓匀，腌制20分钟，备用。

2. 将腌过的猪肉排两面均匀地裹上薄薄的一层地瓜粉，备用。

3. 热油锅，待油温烧热至约180℃，放入猪肉排，以大火炸约2分钟至表面金黄时捞起沥油，食用时蘸椒盐粉即可。

小贴士 Tips

+ 如果猪肉排的块太大，可以在敲松后再切条，这样才能保证炸出来的猪肉排足够酥脆。

食材特点 Characteristics

地瓜粉：是由番薯淀粉等制成的粉末，有粗粒和细粒两种，通常家中购买的以粗粒地瓜粉为多，在腌好的排骨上沾上粗粒地瓜粉油炸后，不仅口感酥脆，视觉效果也更好。

酱油：是中国传统的调味品，用豆、麦、麸皮酿造而成，色泽红褐色，有独特酱香，滋味鲜美，有助于促进食欲。

孩子的最爱：

五香炸猪排

油炸食品具有极强的饱腹感，加上酥脆的口感和诱人的味道，几乎是全世界人们都喜欢的食品，尤其是孩子们的最爱。据调查，很多人在饥饿的时候首先会选择油炸食品，因为它口感好又容易饱。五香炸猪排是很多人的最爱，不过由于猪排裹的是湿粉，含的水分会稍微多一些，操作过程中一定要小心溅油的问题，注意安全哦！

材料 Ingredient

猪里脊排	300克
淀粉	2大匙

腌料 Marinade

A:

蒜	40克
盐	1/4茶匙
鸡粉	1/4茶匙
五香粉	1/4茶匙
白糖	1茶匙
料酒	1大匙
水	3大匙

B:

鸡蛋液	1大匙

做法 Recipe

1. 将猪里脊排洗净，再用肉槌拍成厚约0.5厘米的薄片，然后用刀把猪里脊排的肉筋切断。

2. 将所有腌料A放入果汁机中，打成泥后倒入盆中；放入猪里脊排并加入鸡蛋液抓拌均匀，腌制约20分钟；然后倒入淀粉抓拌均匀，备用。

3. 热油锅至油温约150℃，放入备好的猪里脊排，以小火炸约2分钟，再改中火炸至外表呈金黄酥脆后，起锅即可。

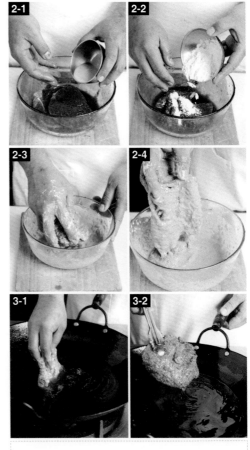

小贴士 Tips

+ 猪里脊排一定要事先腌制过，这样炸出来的成品才不会淡而无味。

老少皆宜：
酥炸排骨

酥炸排骨完全是一副进可攻、退可守的架势，上得厅堂、下得厨房，饿了时可以用它解馋，闲了时可以拿它当零食，饱了歇一会儿也还想再吃两口。酥脆焦香，老人小孩也不用担心不好咬，就是让你吃到饱、吃到撑才算。一块块金黄可人的排骨簇拥在一起，与其说是勾起你的食欲，不如说是向你的馋牙示威。

材料 Ingredient

A：

猪大排	6片

B：

水	3/4杯
色拉油	1/2杯
鸡蛋	1个
面粉	1.5杯
地瓜粉	1/2杯
黏米粉	1/2杯

腌料 Marinade

酱油	1大匙
胡椒盐	1小匙
蒜末	1大匙
香油	1大匙
鸡粉	2小匙

做法 Recipe

1. 将猪大排洗净，用肉槌拍打至组织松软后，加入所有腌料拌匀，放入冰箱冷藏，腌制约3小时，备用。

2. 将所有材料B混合成裹粉料，搅打均匀，备用。

3. 将大排骨均匀地沾上裹粉料。

4. 热一锅，倒入适量色拉油，待油温热至150℃，放入大排骨，将其炸至熟透即可。

小贴士 Tips

+ 在炸排骨时，要随时关注火候并控制火力的大小，随时调整，以免炸糊。

食材特点 Characteristics

猪大排：一般是指腔骨和肋骨中间的胛骨，这个部位的纤维较为细软，含有较多的肌间脂肪。猪大排多用于油炸，油炸时会产生大骨特有的香气。

胡椒盐：由白胡椒粉和细盐调制而成，其味道香浓、咸带微辣，能刺激食欲。一般重口味人士在吃油炸食品时，尤其喜欢蘸上胡椒盐，以增添食物的美味。

第三章

烤蒸篇

栗子蒸排骨

黑胡椒肋排

金瓜粉蒸排骨

照烧猪排

蜜汁烤排骨

黑胡椒肋排

糯米蒸排骨

沙茶烤羊小排

水火不容，排骨从容

中华饮食文化中，有些烹饪技法有着截然相反的对应关系，比如利用热辐射的"烤"和利用水蒸气的"蒸"就是一组。

其中，"烤"的历史更为久远。

"自羲农，至黄帝，号三皇据上世"。《三字经》中号称中华文明代表人物的伏羲，被称为"三皇之首"，贵在以创造见长。这种创造精神体现在远古时期的方方面面，对饮食的贡献尤为突出。

纵然天上飞的、水里游的、地上跑的都可成为人们的果腹之食，但在人们尚未掌握成熟的捕捉技能的原始社会，要"逮块肉"吃可并非易事。然而伏羲善于分析问题和解决问题，他首先根据鱼类和鸟兽的习性，将野麻晒干、搓绳、编网，教人们捕鱼、捕鸟、捕兽，让"人民从此过上了有肉的日子"。之后，他又发现生肉味道不佳，有时还会闹肚子，遂取来天火，教人们用火将肉烤熟了吃。在先后解决食材和技法这两大主要问题后，飞跃发展的饮食文化如前进的火车头一般，顺利引领人们过上了美味加健康的幸福生活。

为了纪念伏羲，后人称他为"庖牺"，即"第一个用火烤熟兽肉的人"。自此，中华饮食文化也正式开启。

有意思的是，虽然"烤"这种技法浑身透着一股历史感和古典范儿，但"烤"这个字，却直到20世纪30年代才被创造出来。

那时，有家"清真烤肉苑"饭馆的老板向书画家齐白石求字号。老爷子拿起笔，前思后想左右为难，字典里只有"考""烘"等字，这对于"烤肉"为主要经营业务的饭馆实在不贴切。老爷子沉思良久，灵机一动："烤肉离不开火，不如就用火字旁，取其形，再加上会考的'考'字，取其音，不就成了吗？"于是，他就提笔写下了"清真烤肉苑"五个遒劲大字。此后，"烤"字广泛流传，最终被社会认可，字典也将其"收编"。

与"烤"相对的"蒸"则是利用水蒸气的高温将食材加热而熟。纵然

"蒸"这种技法是在较晚才被发明出来，但中国依然成为世界上最早使用"蒸"的国家。

相传，"蒸"起源于5000多年前的炎黄时期，老祖先在用水煮东西时意外发现，水蒸气的高温竟然也可令食物成熟，于是这种技法得到广泛应用，甚至贯穿了整个农耕文明。《西游记》中唐三藏每每被妖精活捉，总会被讨论是"蒸着吃，还是煮着吃"，很少有妖精想要"炸着吃"，为何？因为连小妖精都知道"蒸煮"最保留原汁原味；经典相声贯口《报菜名》，开篇就是三道蒸菜，"我请您吃，蒸羊羔儿，蒸熊掌，蒸鹿尾儿……"您听听，还都是些稀罕的金贵食材，可见"蒸"之地位的不可撼动。

常言道，水火不相容，其衍生的烹饪技法自然不同："烤"让食物外焦里嫩，口带韧劲儿、嚼头儿；"蒸"让食物水嫩润滑，保持原味清香。这口感上各有特色的一组烹饪技法，却因一味食材的存在，而有了一个难得而宝贵的共同点。这味食材就是"排骨"，而这个共同点就是"少油脂，更健康"。当排骨等肉质被烤时，皮下油脂受热，自然融化，这化掉的油水少一分进肚，则多一分健康；而被蒸时，更是完全不依赖于油，从源头上防范了摄入更多油脂，对人体造成的危害也大大降低。如此看来，原本在介质及原理上完全相反的两种技法，因排骨的出现，而实现了"共同的目标"与"和谐的牵手"，取得了食味路上的殊途同归。

妙哉妙哉。

且看那从容排骨，出得火来，入得水去。

外婆的养生菜:

栗子蒸排骨

栗子蒸排骨是一道经典的家常菜，从小的记忆里就有它的影子。每年深秋入冬的时候，外婆总会做这道菜，念叨说，"多吃点，补身体，吃了热乎"。这老祖宗传下来的，不需要深究道理，听着便是，那是多少年经验的累积，让我们这些后辈可以享用。所以每当做起这道菜，总有挥不走的想念，让人感觉心里暖暖的。

材料 Ingredient

猪排骨	250克
栗子	10颗
莲子	50克
胡萝卜	10克
竹笋	120克

调料 Seasoning

鸡粉	1小匙
酱油	1小匙
米酒	1大匙
盐	少许
白胡椒粉	少许
香油	1小匙

做法 Recipe

1. 将猪排骨切成小块，再放入滚水中焯烫，去除血水后捞起，备用。

2. 将栗子、莲子放入容器中泡水约5小时，再将栗子以纸巾吸干水，备用。

3. 起油锅，待油温烧热至约190℃，放入栗子炸至呈金黄色，捞起沥油，备用。

4. 将竹笋、胡萝卜均洗净，切成块状，备用。

5. 取一个圆盘，将排骨、栗子、莲子、竹笋、胡萝卜一起放入，再加入所有调料。

6. 最后用耐热保鲜膜将盘封起来，蒸约22分钟即可。

小贴士 Tips

+ 栗子和莲子都需要泡水，因为只有让他们吸饱水分才容易蒸熟。

食材特点 Characteristics

栗子：香甜味美的栗子，自古就作为珍贵的果品，含有比苹果更高的维生素C和钾，有"干果之王"的美誉，是健脾补肾、抗衰老的滋补佳品。

莲子：莲子具有补脾止泻、止带、益肾涩精、养心安神之功效，能清热祛火，具有防癌、降血压、抗心律不齐的作用。

远古的风味：

沙茶烤羊小排

烹饪讲究"大道至简"，即越是高级的食材，越要用简单的烹饪手法，以保留其自然味道。而"烤"作为人类掌握的第一种食物加工方法，正得此道。咬上一口外焦里嫩的小羊排，顷刻间，一股原始的鲜香回荡唇齿。或许，正是这种美味，震撼了第一个食用火烤熟食的原始人，味蕾即刻绽放，基因就此标记，全人类，开启了对美味的追求。

材料 Ingredient

羊小排　　　　4片

腌料 Marinade

台式沙茶酱　　适量

做法 Recipe

① 将羊小排洗净，沥干，用台式沙茶酱腌制4小时以上，备用。

② 将腌制的羊小排平铺于网架上，以中小火烤约8分钟，并适时翻面，烤至两面都稍微焦香即可。

金瓜粉蒸排骨

金瓜就是南瓜，素有"植物海蜇"之称，不仅营养丰富，还具有补中益气的药用价值，对高血压、冠心病亦有较好的疗效。加之口感软滑，能消除肉类的油腻，尤其适合老年人食用。赶在重阳时节，为年迈的父母蒸一道金瓜菜肴吧，让腾腾热气舒展他们岁月的皱纹，让缕缕芳香抚慰他们内心的沧桑。盘中品味何止佳肴？且看一片反哺情深，一片儿女孝意。

材料 Ingredient

猪排骨	400克
南瓜	500克
蒸肉粉	1包
鸡蛋	1个

腌料 Marinade

盐	1小匙
白糖	1小匙
酱油	1大匙
米酒	1大匙
五香粉	少许

做法 Recipe

1. 将南瓜洗净，去籽，切成块，摆放入碗中；鸡蛋磕破取蛋液，备用。

2. 将猪排骨洗净，沥干，放入容器中，加入所有腌料、鸡蛋液及蒸肉粉搅拌均匀，腌制30分钟，备用。

3. 将腌好的排骨铺在盛有南瓜的碗中，再放入蒸锅蒸约40分钟即可。

气血双补万人迷：

糯米蒸排骨

常言道"血气足，百病除"。糯米具有补中益气的功效，长期食用，可使皮肤透白、面色红润，是妇女滋补身体、美容养颜的不二之选。滚上糯米的排骨，米的芳香混合肉质的味美，其充满嚼劲的口感，芳香四溢的韵味，可谓香飘十里，回味无穷。需注意的是，糯米是个爱"粘人"的小家伙，不易消化，若觉得好吃，可不要贪嘴哟。

材料 Ingredient

猪排骨	200克
蒜末	40克
长粒糯米	100克

腌料 Marinade

A：

蚝油	1大匙
五香粉	1/4茶匙
花椒粉	1/4茶匙
白糖	1茶匙
香油	1大匙

B：

盐	1/2茶匙
白胡椒粉	1/4茶匙
色拉油	1大匙

做法 Recipe

1. 将猪排骨剁小块，洗净，沥干；长粒糯米洗净，泡冷水约2小时，沥干，再加入所有腌料B拌匀，备用。

2. 将排骨块、蒜末和所有腌料A一起拌匀，腌制约10分钟，备用。

3. 将腌制好的排骨块均匀地沾上混有腌料的长粒糯米后，依序放置于盘上。

4. 将糯米排骨成品放入蒸笼内，以大火蒸约40分钟后取出即可。

小贴士 Tips

+ 糯米一定要提前用水浸泡。

+ 成品在上锅蒸时一定要把握好火候和时间。否则，蒸过头的糯米会失去应有的香味，蒸的时间不够则口感干硬。

食材特点 Characteristics

长粒糯米：即籼糯，其米粒细长，颜色呈粉白、不透明状，黏性强。长粒糯米与圆粒糯米的营养价值基本相同，只是前者的口感比较软。

花椒粉：是一种用花椒制成的香料。花椒粉的气味芳香，可以去除各种肉类的腥膻臭气，改变口感，还能促进唾液分泌，增加食欲。

日式风情：
照烧猪排

"照烧"作为日本料理常用的烹饪方法，不仅能够保留食物的自然之鲜，其更大的特色在于可以根据酱油、糖等基本调料的不同量比，调制出不同风味。据说在日本，照烧的发明轻松解决了食客众口难调的难题。你一定了解爱人的口味喜好吧？何不精心做一道照烧菜肴，用你专门调制的酱料，将这特别的爱，给特别的他。

材料 Ingredient

猪里脊排	200克
圆白菜	50克
熟白芝麻	适量

腌料 Marinade

蒜香粉	1/4茶匙
酱油	1/2茶匙
白糖	1/2茶匙
米酒	1茶匙

调料 Seasoning

照烧烤肉酱	1大匙
七味粉	适量

做法 Recipe

① 将猪里脊排洗净，沥干，切成厚约1厘米的片；圆白菜洗净，切细丝，在冰水中泡约2分钟，沥干，装盘备用。

② 将所有腌料在容器中混合均匀，放入猪里脊排腌制20分钟，备用。

③ 将烤箱预热至250℃，取腌好的猪里脊排平铺于烤盘上，放入烤箱烤约6分钟。

④ 取出猪里脊排，刷上照烧酱后再入烤箱烤1分钟，取出装盘，最后撒上七味粉与熟白芝麻即可。

小贴士 Tips

✚ 白芝麻要熟的才有香味，如果只有生的白芝麻，可放入干锅中，以小火干炒至香味溢出。

食材特点 Characteristics

白芝麻：富含各种营养元素，而且具有极强的抗衰老性。其特点是含油量高、色泽洁白、籽粒饱满、种皮薄、后味香醇等。

照烧烤肉酱：此酱的最大特点在于较甜、较浓稠，能为烧烤出来的食物外表增加一种黏稠的焦感，添加了这种酱料的烤肉口感更好，味道也更香浓。

甜蜜的童年记忆：
蜜汁烤排骨

记得孩提时代，单是一句叫卖麦芽糖的吆喝声，就能唤得小伙伴们从四面八方赶来，一张张小嘴儿忍不住垂涎，一双双眼睛满怀期待，因着那份甜，总是最爱。所以，纵然中餐并不以甜味作为主旋律，你也不妨试试蜜糖和肉食的结合。当香甜的气息勾起幸福的回忆，此刻，口中的甜蜜渐渐消融，生活的甜蜜愈加澎湃。

材料 Ingredient

猪小排	500克
蒜末	30克
姜末	20克

腌料 Marinade

酱油	1茶匙
五香粉	1/4茶匙
白糖	1大匙
豆瓣酱	1/2大匙

调料 Seasoning

麦芽糖	30克
水	30毫升

做法 Recipe

1 将猪小排剁成长约5厘米的块，洗净，沥干；将蒜末、姜末和所有腌料混合，均匀地涂抹于猪小排上腌20分钟，备用。

2 将调料中的麦芽糖和水一同煮溶成酱汁，备用。

3 将烤箱预热至200℃，取腌好的猪小排平铺于烤盘上，放入烤箱烤约20分钟。

4 取出烤好的猪小排，刷上由调料制成的酱汁即可。

小贴士 Tips

+ 排骨在烤的时候容易沾黏在烤盘上，尤其是刷上酱汁更容易沾黏，因此烤盘上可以先铺上一层铝箔纸，并在铝箔纸上刷一层薄薄的油，这样就不容易沾黏了。

食材特点 Characteristics

麦芽糖：古时被称为饴，由小麦和糯米制成，香甜可口，营养丰富，能增加菜肴的色泽和香味，并具有健胃消食、润肺、生津、去燥等功效。

豆瓣酱：是由蚕豆或者黄豆、曲子（一种用来发酵的菌）、盐等原料酿造出来的一种发酵红褐色调味料，具有开胃健脾、消食去腻等功效。

高端的格调：

蒜香猪肋排

如果你的他刚好有个挑剔的胃，而你又刚好没有多少烹饪基因，那么烤箱将成为你厨房的必备神器。你只需预设好不同的火力温度，分几次添加不同的佐料，剩下的就交给时间吧。等到菜肴新鲜出炉，他一定会惊叹，在家竟然也能做出如此高大上的美味！而你，享受崇拜就好，至于烹饪过程是多么简单，亲爱的他不必知晓。

材料 Ingredient

猪肋排	450克
面包粉	1小匙
奶酪丝	1大匙

腌料 Marinade

蒜香黑胡椒酱2大匙

做法 Recipe

① 将猪肋排洗净，加入蒜香黑胡椒酱腌制约20分钟，再放入预热好的烤箱中，以上火150℃、下火150℃烤约30分钟取出。

② 在烤后的猪肋排上，撒上奶酪丝和面包粉，再放入预热好的烤箱中，以上火250℃、下火100℃烤约5分钟至奶酪表面呈金黄色即可。

西式经典主菜:
黑胡椒肋排

"外表黑皱很低调,内心火热在燃烧,餐桌之王味道美,香肠嫩肉离不了。"流传千年的英格兰古谜语,足以证明黑胡椒的历史地位和美味魅力。不仅如此,黑胡椒味道强烈,使用少许就能即刻振奋精神和补充精力,尤其适合作为职场人的午餐选择。只是需要注意,由于黑胡椒含有刺激性,患有肠胃溃疡疾病的人最好不要品尝。

材料 Ingredient

猪肋排	600克
青甜椒	10克
黄甜椒	10克
蒜末	10克

腌料 Marinade

酱油	1大匙
辣酱油	1/2大匙
黑胡椒	1大匙
红酒	2大匙
嫩精	适量
盐	适量
色拉油	1大匙

做法 Recipe

1. 将猪肋排洗净,沥干,备用。

2. 将蒜末和所有腌料搅拌均匀,备用。

3. 将肋排放入拌好的腌料中混合拌匀,腌制约1.5小时,备用。

4. 将青甜椒、黄甜椒均洗净,切末,并混合均匀。

5. 将腌好的肋排放入已预热的烤箱中,以200℃烤约35分钟。

6. 取出肋排,撒上青甜椒、黄甜椒末,最后再续烤5分钟即可。

梅子蒸排骨

据记载，在醋尚未发明之前，人们不得不利用梅子的酸来调味。由此可见，梅子蒸排骨的历史绝对称得上悠久。而作为广东家常菜，人们通常将自家腌制的酸梅掰碎，放进肉中随意烹制。酸甜爽口的梅子可谓南方湿热气候下的开胃药，不仅能消除肉食的油腻，更能激活沉闷的肠胃，难怪当地人说，"品尝梅一口，舒爽在心头"。

材料 Ingredient

猪小排	300克
辣椒	2个
紫苏梅	150克

腌料 Marinade

盐	1/2茶匙
味精	1/2茶匙
白糖	1茶匙
淀粉	1大匙
米酒	1大匙
香油	30毫升
水	20毫升

做法 Recipe

1. 将猪小排剁小块，以流动的冷水冲洗，去血水后捞起沥干，备用。

2. 将辣椒洗净，切细丝；紫苏梅略捏碎，备用。

3. 将猪小排块倒入盆中，加入所有腌料（除香油外）、紫苏梅和辣椒丝，充分搅拌至水分被排骨吸收。

4. 在盆中加入香油拌匀，然后放入蒸笼以大火蒸约20分钟即可。

小贴士 Tips

+ 梅子的酸味能消减肉类带来的油腻感，让排骨吃起来更加清爽，而蒸的手法则有利于保留食物中的营养成分，也比其他烹调方式制作的肉菜热量更低。

食材特点 Characteristics

紫苏梅：将梅子用紫苏叶子包裹起来，其中还要加蜂蜜、花椒或红糖等，经过一段时间的发酵，紫苏梅就做好了。紫苏梅具有降气消痰、平喘、润肠的功效。

味精：又名"味之素"，是指以粮食为原料经发酵提纯的谷氨酸钠结晶，作用是增加食物的鲜味，在中国菜里用得最多，也可用于制作汤和调味汁。

吃排骨

要宝秘技:

美式烤肋排

如果烧烤酱刚好告急，而你又喜好发挥创意，美式烧烤菜肴就实在太适合你。无论洋葱、番茄，还是蜂蜜，你大可依着自己的性子，自由决定配比。因为 " 简单、自由、随意 " ，正是美式菜肴的真谛。最好再来一扎啤酒，才不枉肉的鲜嫩多汁和口味浓郁。如此品位，既是繁忙生活中的放松，更是悠闲时光中的惬意。

材料 Ingredient

猪小排	500克
蒜	30克

腌料 Marinade

盐	1/4茶匙
白糖	1/4茶匙
粗黑胡椒粉	1/2茶匙
百里香粉	1/4茶匙

调料 Seasoning

番茄酱	2大匙
蜂蜜	1大匙
洋葱	20克
苹果	20克
水	3大匙

做法 Recipe

1 将猪小排剁成长约5厘米的块，洗净，沥干；将所有腌料混合均匀后，涂抹于猪小排上，腌制20分钟，备用。

2 将所有调料和蒜一同放入果汁机中搅打成烤肉酱，备用。

3 烤箱预热至200℃，取腌好的猪小排平铺于烤盘上，放入烤箱烤约10分钟。

4 取出猪小排，涂上烤肉酱，再放入烤箱烤约5分钟，再取出猪小排，再刷一次烤肉酱，最后入烤箱再烤约5分钟即可。

小贴士 Tips

✚ 在烤制的过程中，排骨上的汤和油会滴下来，建议在烤盘上铺一层锡纸以方便清洁。

食材特点 Characteristics

蜂蜜：蜂蜜能改善血液成分；能促进肝细胞的再生，对抑制脂肪肝有一定作用；能消除疲劳，增强人体免疫力；还能润肠通便、美容等。

苹果：多吃苹果可改善呼吸系统和肺功能，保护肺部少受影响。另外，苹果还富含粗纤维，可促进肠胃蠕动。

番茄奶酪烤猪排

奶酪和番茄酱这对"情侣"可谓西餐中的经典搭配，尤其在经过高温烤制后，那醇醇的奶香交融着番茄的酸甜，就此升级为震惊味蕾的美味，直引得人胃口大开，食量翻倍。更有益的是，番茄含有的番茄红素具有抗衰老、抗氧化及预防癌症的神奇功效，这对爱美丽更爱健康的你来说，实在是不可多得的私房宝贝。

材料 Ingredient

猪里脊	3片
鸡蛋液	20克
面粉	1小匙
奶酪丝	50克

调料 Seasoning

番茄酱	2大匙

做法 Recipe

1. 将猪里脊洗净，分别沾裹鸡蛋液、面粉后，放入平底锅中煎熟，再取出放入烤盘中，淋上番茄酱和奶酪丝。

2. 放入预热好的烤箱中，以上火250℃、下火150℃烤约5分钟至表面奶酪呈金黄色即可。

强身健体能量餐：

黑椒烤牛小排

中医讲究"以形补形"，事实上，牛肉的氨基酸组成很接近人体需要，因此在补充失血和修复机体组织方面作用明显，长期服用确有补中益气、强身健体的功效。告别一天的疲惫之后，不如用一道牛小排犒劳自己，品味肉质的嫩滑，感受黑椒的热情，大快朵颐之后，你将恢复能量十足和电力满格。

材料 Ingredient

去骨牛小排　300克

腌料 Marinade

酱油	50毫升
沙茶酱	60克
米酒	15毫升
蒜泥	30克
白糖	20克
粗黑胡椒粉	5克

做法 Recipe

❶ 将去骨牛小排洗净，沥干，加入所有腌料拌匀，腌制约20分钟，备用。

❷ 烤箱预热至250℃，将牛小排平铺于烤盘上，放入烤箱烤3～5分钟即可。

小贴士 Tips

✚ 烤箱记得要先预热再放入牛排，让烤箱升到适当的温度，才不会在放入牛排前几分钟因温度不足而延长烤制时间。否则不但浪费时间，牛排的口感与熟度也不好控制。

忘不掉的浓情：

迷迭香烤羊小排

作为花草，迷迭香的花语是"牢记"。而作为西餐常见的调味料，迷迭香气味甘甜浓郁，带有松木香的特殊芬芳，也着实令人记忆深刻。如果这种特殊香味邂逅羊排的鲜味，那么一种独特的、多层次的异香将顷刻弥漫开来。每一口余香绕齿，会使你的嘴角微微上翘，这美味，让人欲罢不能，这香气，只吃一次就忘不掉。

材料 Ingredient

羊小排	4根
蒜末	20克
姜末	10克

腌料 Marinade

迷迭香	1/2茶匙
综合香料	1/4茶匙
盐	1/2茶匙
白糖	1茶匙
白酒	2大匙

做法 Recipe

1. 将羊小排洗净，沥干，备用。

2. 将姜末、蒜末和所有腌料拌匀成腌酱，放入羊小排腌制约2小时，备用。

3. 取出羊小排，铺于烤箱的烤盘上，并将剩余的腌酱全部涂抹于羊小排上。

4. 将烤箱预热至250℃，最后将羊小排放入烤箱中烤约5分钟即可。

小贴士 Tips

+ 如果只需短期保存，可直接将生羊排放入冰箱冷藏室，一般可以保存3天左右。如果需要长时间保存，可将羊排剁成块，然后放入沸水锅内焯烫，捞出后过冷水，控净水分，用保鲜袋包好，放入冰箱冷冻室内，可保存1个月左右。

食材特点 Characteristics

羊小排：羊小排比猪小排的肉质要细嫩，而且蛋白质含量较多，脂肪含量较少。冬天常吃羊排可益气补虚、促进血液循环、增强御寒能力。

迷迭香：常被用作调料，也可用来泡花草茶喝，具有增强记忆力、提神、调理贫血等功效，其中亦含有抗氧化成分。

讲究的料理：
烧烤猪肋排

在西餐中，猪肋排的选料十分讲究，取骨排范围限定在猪的第12根肋骨前后，而且要取肋骨尾端的肉，行内俗称"BB骨"。这种带骨肉，介于里脊肉和腩肉之间，肥瘦分布最为均匀，肉质香气最为浓郁。只需稍稍辅以调料烤制，即可外酥里嫩，入口即化，每一口都是鲜美肉汁和烧烤香气，让人不由得垂涎三尺，回味不已。

材料 Ingredient

猪肋排	500克
西芹末	适量
西红柿	2个

腌料 Marinade

白酒	2大匙
蒜末	1/4小匙
番茄酱	1/2小匙
辣椒末	1/4小匙
橄榄油	1大匙
A1牛排酱	2大匙
意式香料	1/4小匙

做法 Recipe

1. 将所有腌料混合拌匀，备用；将西红柿洗净，切片，备用。

2. 将猪肋排洗净，加入到混合好的腌酱中，腌制约30分钟，备用。

3. 将腌好的猪肋排放入已预热的烤箱中，以150℃烤约30分钟。

4. 烤好后取出猪肋排盛盘，加上切片的西红柿，再撒上西芹末即可。

小贴士 Tips

+ 虽然说肉切小块一点比较容易入味，但是因为猪肋排需要长时间的烘烤，因此最好整块腌制再烤，以免让肉质过老。

食材特点 Characteristics

橄榄油：是由新鲜的油橄榄果实直接冷榨而成的，不经加热和化学处理，保留了天然营养成分，被公认为是迄今所发现的最适合人体营养的油脂。

白酒：除了含有极少量的钠、铜、锌，几乎不含维生素和钙、磷、铁等，所含有的仅是水和乙醇。饮用少量低度白酒可以扩张小血管，促进血液循环。

不血腥的激情：
烤牛小排

如果你大爱牛肉的滑嫩，却难以直视淋漓的鲜血，那么牛小排无疑最适合你。牛小排肉质细腻，布满油筋，在烤的过程中，油脂遇热流出，香味四溢。尤为特别的是，牛小排一定要在全熟状态下，收缩的肉才能与骨头自然分离，而全熟的口感不仅不会变得干硬，反而脆焦又劲道，这对不敢吃生肉、怕见血的食客来说，真是大大的福音。

材料 Ingredient

牛小排	300克
蒜	15克
丰水梨	50克
红葱头	20克

腌料 Marinade

味醂	2大匙
酱油	2大匙
米酒	1大匙
白糖	1大匙

做法 Recipe

1. 将蒜、丰水梨、红葱头和所有腌料放入果汁机中，搅打成泥备用。
2. 将牛小排洗净，放入调味泥中，腌制一夜（约8小时），备用。
3. 将腌制好的牛小排放入已预热的烤箱中，以120℃烤约10分钟，再以200℃烤至牛小排表面焦香后取出即可。
4. 食用时可撒上适量粗黑胡椒粉（材料外）增加风味。

小贴士 Tips

+ 烤肉时由于没有任何水蒸气，肉质很容易紧缩而变得干硬，因此最好挑选牛小排这类较有肉且脂肪含量多的部位，让原有的油脂在遇高温时融化释出，烤过后才能维持肉质的油嫩与弹性，吃起来口感也比较好。

食材特点 Characteristics

丰水梨：原产自日本，多汁，口感极佳，但血虚、畏寒、腹泻、手脚发凉者不可多吃，并且最好煮熟再吃，以防湿寒症状加重。

红葱头：原产自巴勒斯坦，在十字军东征时传入欧洲，如今已成为世界各地都常见的食品，具有清热解毒、散淤消肿、止血等作用。

老少皆宜欢乐菜：

香芋蒸排骨

要想在家庭聚餐时大显身手，这道香芋蒸排骨可轻松助你一臂之力。一边是香芋被汤汁浸润，鲜香入里，一边是排骨被香芋吸走油脂，毫不油腻。芋软骨鲜，色泽诱人，老人爱它的软糯易食，孩子爱它的香甜可口，加之香芋能够调中补虚、散积理气，营养美味又有益健康。老老少少同被这美味吸引，其乐融融，共享天伦之趣。

材料 Ingredient

猪小排	300克
辣椒	2个
芋头	150克
葱段	20克

腌料 Marinade

A:
盐	1/2茶匙
白糖	2茶匙
淀粉	1大匙
水	20毫升
米酒	1大匙

B:
香油	30毫升

做法 Recipe

1. 将猪小排剁小块，冲水，洗去血水后捞起沥干；辣椒洗净，切丝；芋头洗净，去皮，切小块，备用。
2. 将排骨倒入大盆中，加入腌料A、辣椒丝、芋头块和葱段，充分搅拌均匀至排骨入味。
3. 再加入香油拌匀。
4. 将拌好的排骨移入盘中，然后放入蒸锅中，以大火蒸约15分钟即可。

小贴士 Tips

+ 本品中的芋头是没有经过油炸的，如果不嫌麻烦，也可以将芋头油炸后再蒸，这样味道更香。

食材特点 Characteristics

盐：人不可一日无盐，但过量摄入盐对健康也很不利。盐的主要成分是氯化钠，如果摄入过多钠离子会引起血压升高。

白糖：主要分为白砂糖和绵白糖两大类。一般来讲，西方人食用较多的是白砂糖，而中华文化饮食圈内的国家或地区则以食用绵白糖为主。

蒜酥蒸排骨

蒜酥是大蒜的加工品，不仅享有"大地上最香酥调味圣品"的美誉，其杀菌抗癌、降压护心的药用功效也深得人心。不如时常享用这美味的保健品，它能让你在获得营养的同时，提高身体的免疫力。即便接下来花前月下佳人有约，也实在无需担心！只要备上一粒口香糖，你就可以尽情享受蒜香并且口气清新。

材料 Ingredient

猪小排	300克
辣椒	2个
绿竹笋	100克
蒜酥	15克

腌料 Marinade

A:

酱油	1.5大匙
白糖	1茶匙
淀粉	1大匙
水	20毫升
米酒	1大匙

B:

香油	30毫升

做法 Recipe

① 将猪小排剁小块，冲水，洗去血水后捞起沥干；辣椒洗净，切丝；绿竹笋洗净，切小块，备用。

② 将小排骨倒入大盆中，加入腌料A、绿竹笋块和辣椒丝，充分搅拌均匀至排骨入味。

③ 加入蒜酥，淋入香油拌匀，最后放入蒸锅中，以大火蒸约15分钟即可。

小贴士 Tips

⊕ 蒸排骨的时候一定要均匀铺开，避免叠压造成的火候不均。

⊕ 蒜酥可以在市场上买到，也可以在家自制。首先烧热花生油，然后再放入切碎的大蒜，当大蒜炸至约6分熟时（呈淡金黄色）就可以起锅了。炸蒜酥一定要算好时间，如果将蒜酥炸至呈深金黄色时才起锅，因蒜头带热油，会使蒜酥渐渐发生变化，使得味道变苦。

食材特点 Characteristics

绿竹笋：因其笋形似马蹄，又称马蹄笋，产于夏季，富含人体所需的18种氨基酸，具有清凉解毒、美容保健的作用。绿竹笋还含有大量活性粗纤维素，能减少人体内有毒物质的积留和吸收，帮助消化排泄，防止肠癌，并具有减肥的功效。

客家传奇菜：
梅菜蒸排骨

相传古时有一善心妇人，可怜庄稼惨淡，孩子饥肠辘辘、嗷嗷待哺，落泪之时，幸得一梅姓仙姑赠予菜籽，播撒后成长迅速，妇人全村得以为继，后人因此称其为"梅菜"。现如今，作为广东著名食品，梅菜不仅能在湿热的天气中消滞健胃、降脂降压，其清热解毒的药性还能让远在海外的故乡人消除水土不服的烦恼，实乃神奇的菜肴。

材料 Ingredient

猪小排	300克
辣椒	2个
姜末	10克
梅干菜	10克

腌料 Marinade

酱油	1大匙
白糖	1茶匙
淀粉	1大匙
水	20毫升
米酒	1大匙
香油	30毫升

做法 Recipe

❶ 将猪小排剁成小块，洗去血水后捞起沥干；将辣椒洗净，切末；将梅干菜泡水1小时，洗净，沥干，切末备用。

❷ 将小排骨倒入大盆中，加入所有腌料（香油除外）、梅干菜末、姜末和辣椒末，充分搅拌均匀至排骨吸收入味。

❸ 再加入香油拌匀，最后将拌好的排骨放入蒸锅中，以大火蒸约20分钟即可。

小贴士 Tips

✚ 梅干菜在料理前一定要用清水浸泡，除了能让干燥的梅干菜吸饱水分之外，还能去除多余的盐分，这样吃起来才不会太咸。此外，还能将藏在叶片中的泥沙彻底去除。

食材特点 Characteristics

梅干菜：是梅菜菜心经盐腌制后的成品，是广东惠州的特产，又称为"惠州贡菜"。乡民用新鲜的梅菜经晾晒、精选、飘盐等多道工序制成，色泽金黄、香气扑鼻、清甜爽口，其性不寒、不燥、不湿、不热，不仅可独成一味菜，又可以将其作为配料制成梅菜蒸猪肉、梅菜蒸牛肉、梅菜蒸鲜鱼等菜肴。

雅俗共赏君子菜：
竹叶蒸排骨

诗曰，"宁可食无肉，不可居无竹。无肉使人瘦，无竹使人俗"。现在好了，你再也不必在瘦与俗之间进行艰难的抉择，一道竹叶蒸排骨，就让鱼和熊掌统统兼得。当竹叶的清新遇上排骨的浓郁，好比两位佳人，娉婷而立，一位冰清玉洁，一位雍容华贵，两种美感彼此相映，彰显另一番诗情画意。此刻你是否了解，食味，其实可以这般如意。

材料 Ingredient

猪肋排	300克
蒜末	20克
姜末	10克
竹叶	4张

腌料 Marinade

蚝油	2大匙
花椒粉	1/2茶匙
酒酿	1大匙
白糖	1茶匙
绍酒	1大匙
香油	1大匙

做法 Recipe

1. 将猪肋排剁成长约5厘米的小块，洗净，沥干；将竹叶用开水烫软，洗净，备用。

2. 将猪肋排和姜末、蒜末、所有腌料一起拌匀，然后腌制约20分钟，备用。

3. 将竹叶摊开，放入1块拌好的肋排，再将竹叶包起，放置于盘上，然后再将其余材料依序卷完。

4. 将竹叶排骨卷放入蒸锅中，以大火蒸约30分钟后取出，食用时打开竹叶即可。

小贴士 Tips

+ 包裹排骨时，如果使用新鲜的竹叶就不用再以开水烫软；如用干燥的竹叶或是包粽子的粽叶，就要先用开水烫软，这样包裹的时候才不会裂开。

食材特点 Characteristics

竹叶：在我国拥有悠久的食用和药用历史，其中含有黄酮、酚酮、多糖、氨基酸、微量元素等多种营养成分，具有抗衰老、抗疲劳、降血脂等功效。

酒酿：是一种用蒸熟的糯米发酵而成的甜米酒，含糖、有机酸、B族维生素等，可益气、生津、活血、散结、消肿，对于孕妇可利水消肿，也适合哺乳期妇女通利乳汁。

脆嫩可口养生菜:

酸姜蒸排骨

常言道"早吃三片姜，如喝人参汤""冬吃萝卜夏吃姜，不用医生开药方"。姜能够益脾补胃、温经散寒，所含的阿司匹林成分对控制血压、预防心肌梗死也有特殊作用。经过米醋腌制而成的酸姜，口感和功效更胜一筹，不仅除去了刺激的辛辣味道，变得嫩脆酸爽，亦可促进肉食的消化，实在是适宜全家老少日常养生的佳肴。

材料 Ingredient

猪小排	300克
辣椒	2个
酸姜	80克

腌料 Marinade

盐	1/2茶匙
白糖	2茶匙
淀粉	1大匙
水	20毫升
米酒	1大匙
香油	30毫升

做法 Recipe

1. 将猪小排剁小块，冲水，洗去血水后捞起沥干；将辣椒洗净，切小片；酸姜洗净，切小块，备用。

2. 将排骨倒入大盆中，加入除香油外的所有腌料和辣椒片、酸姜块，充分搅拌均匀至排骨吸收入味。

3. 再加入香油拌匀，最后将排骨放入蒸锅中，以大火蒸约15分钟即可。

小贴士 Tips

+ 蒸排骨时最好用耐热性好的保鲜膜将排骨盖住，可避免水蒸汽流入，使口感更好。

食材特点 Characteristics

酸姜：酸姜是一道鲜辣可口的简单小菜，为姜的腌制品，具有发汗解表、温中止呕、温肺止咳、解毒的作用，主治外感风寒、胃寒呕吐、风寒咳嗽、腹痛腹泻等症。虽然吃姜的好处有很多，但内有实热、患痔疮者忌用，而且最好不要在晚上食用，因为含有的姜酚会刺激肠道蠕动，可能影响睡眠质量。

剁椒蒸排骨

想追寻舌尖的刺激与激情吗？无辣不欢的湖南人会告诉你，有胆来试试剁椒。优质的剁椒"辣口不辣心，含火不上火"，不仅能刺激唾液和胃液分泌，让人食欲大增，其丰富的辣椒素还能促进人体血液循环、散寒祛湿。所以，大可甩开膀子尽情品味剁椒，感受体温上升和脸红心跳，当舌尖开始燃烧，唯有一边大快朵颐，一边连连称道！

材料 Ingredient

猪小排	300克
蒜末	20克
剁椒	3大匙

腌料 Marinade

酱油	1茶匙
白糖	1茶匙
淀粉	1大匙
米酒	1大匙
水	20毫升
香油	1大匙

做法 Recipe

① 将猪小排剁小块，冲水，洗去血水后捞起沥干，备用。

② 将排骨倒入大盆中，加入蒜末和所有腌料（除香油外），充分搅拌均匀至水分被排骨完全吸收。

③ 加入香油略拌匀后装盘，并将剁椒淋至排骨上。

④ 将盛有排骨的盘子放入蒸锅中，以大火蒸约15分钟即可。

小贴士 Tips

✛ 如自制剁椒，就要注意保存，做好后无论放入瓶子还是坛子都要密封，否则很容易变质。

食材特点 Characteristics

剁椒：是以红椒、盐等为原料制成的一种可以直接食用的辣椒制品，味辣而鲜咸，富含丰富的蛋白质和多种微量元素。剁椒是湖南的特色食品，可出坛即食，也可当作佐料做菜。一般的湖南剁椒水分少、颜色暗红、口感不酸，而湘西一带的剁椒则带有一些酸味，做菜时可根据自己的口味选择。

乐以忘忧田园菜：
金针木耳蒸排骨

"莫道农家无宝玉，遍地黄花是金针。"或许正是因为苏轼的这首名诗，黄花菜也别名"金针菜"。其实，它还有个更文艺的名字——忘忧草。不妨尝试这田间干货与排骨的搭配，当掀开锅盖，蒸汽氤氲，排骨的肉香混合着山林牧野的清香，仿佛这一瞬间，置身田园，岁月静好，美味佳肴方才入口，忧愁早已烟消云散。

材料 Ingredient

猪小排	300克
黄花菜	20克
泡发黑木耳	60克
辣椒	2个
蒜末	20克

腌料 Marinade

盐	1/2茶匙
白糖	2茶匙
淀粉	1大匙
米酒	1大匙
水	20毫升
香油	30毫升

做法 Recipe

1. 将猪小排剁成小块，冲水，洗去血水后捞起沥干，备用。

2. 将黄花菜泡水30分钟至软后，洗净，捞出沥干；将辣椒洗净，切圈；泡发黑木耳洗净，切小块，备用。

3. 将排骨倒入大盆中，加入所有腌料（香油除外）和蒜末、辣椒圈、黄花菜、黑木耳，充分搅拌均匀至排骨入味。

4. 淋入香油拌匀，将排骨盛盘放入蒸锅中，以大火蒸约15分钟即可。

小贴士 Tips

+ 调料中的淀粉能起到致嫩作用，将每块小排骨均匀地裹上一层薄薄的淀粉可使排骨口感更加嫩滑。

食材特点 Characteristics

黑木耳：黑木耳是一种营养丰富的食用菌，其所含有的发酵素和植物碱，能够有效地促进消化道和泌尿道内各种腺体的分泌，并促使结石排出。此外，黑木耳还含有丰富的植物胶原成分，具有较强的吸附作用，能起到清胃涤肠的作用。

美丽的误会：
腐乳蒸排骨

如果说饮食界也有冤假错案，那么腐乳太应该被平反。腐乳享有"素奶酪"之称，其饱和脂肪含量低，不仅不含胆固醇，还含有大豆异黄酮，这是大豆中特有的保健成分。纵然腐乳营养价值极高，却经常被误解为对人体有害。如果你曾因误会而对它望而却步，现在大可将它作为主要调料烹制食材，那特殊的浓香将勾引你，重温这美味的经久不衰。

材料 Ingredient

猪小排	300克
辣椒	2个
南瓜	100克
蒜末	15克

腌料 Marinade

豆腐乳	20克
腐乳汁	1大匙
白糖	1茶匙
淀粉	1大匙
水	20毫升
香油	30毫升

做法 Recipe

① 将猪小排剁小块，冲水，洗去血水后捞起沥干；辣椒洗净，切圈；南瓜洗净，去皮，切小块，备用。

② 将排骨倒入大盆中，加入所有腌料（香油除外）、南瓜块、蒜末和辣椒圈，充分搅拌均匀至排骨入味。

③ 加入香油拌匀，放入蒸锅中以大火蒸约15分钟即可。

小贴士 Tips

④ 蒸排骨时，盘中可以加上南瓜或是地瓜，再铺上排骨一起蒸，这些根茎类的蔬菜不但可以吸收排骨中的肉汁，其本身带有的鲜甜也可以给排骨提味，一举数得。

优雅瘦身餐:
蒜香羊小排

有人说，羊肉的膻味如同女人的妖娆，爱的就是这股浓郁。但不少人却对浓重的膻味难以接受。其实，这膻味主要来自羊肉中的挥发性脂肪酸，倘若用烤的方法使脂肪受热融化，再用大蒜独特的气味进行中和，羊肉的肉质将不再膻腻，且别具芬芳。同时，由于羊肉脂肪不易被人体吸收，美女们只消放心大块吃肉，无需担心发胖。

材料 Ingredient

羊小排	3片
奶油	60克

腌料 Marinade

蒜香酱	适量

做法 Recipe

1. 将羊小排洗净，加入腌料拌匀，腌制约40分钟。

2. 热一锅，放入奶油烧热，以中火烧至八成热，再转中小火。

3. 将羊小排放入锅中，每面煎约3分钟，至表皮香酥。

4. 取出煎好的羊小排，放入已预热的烤箱，以230℃烤约2分钟至八成熟即可。

清凉消暑菜：
荷叶粉蒸排骨

赶上炎炎夏日食欲不佳的日子，不妨试试这道荷叶粉蒸排骨。中医认为，荷叶性寒凉，既可清热解暑，又能健脾升阳，对食少腹胀也有一定功效。将荷叶包裹好食材进行烹制，那排骨裹着软糯的米粉，夹杂着淡淡的荷叶香，既油而不腻，又鲜润清爽。伴着香气袅袅弥漫，你的食欲也将逐渐觉醒，恢复往日激昂。

材料 Ingredient

猪排骨	300克
蒜末	20克
姜末	10克
荷叶	1张
蒸肉粉	3大匙

腌料 Marinade

辣椒酱	1大匙
酒酿	1大匙
甜面酱	1茶匙
白糖	1茶匙
水	50毫升
香油	1大匙

做法 Recipe

1. 将猪排骨洗净，沥干；荷叶放入滚沸的水中烫软，捞出洗净，备用。

2. 将排骨和姜末、蒜末、所有腌料（香油除外）混合拌匀，腌制约5分钟。

3. 腌好的排骨中加入蒸肉粉拌匀，再洒上香油。

4. 将烫软的荷叶摊开，放入拌有蒸肉粉的排骨，再将荷叶包起，放置于盘上。

5. 将盛有排骨的盘子放入蒸笼内，以大火蒸约30分钟后取出，打开荷叶即可食用。

小贴士 Tips

+ 蒸肉粉主要是以糯米、大米、盐炒香后磨碎而成的，视口味而定也可加入八角、花椒及五香等香料调味。由于本身已有咸度，因此使用时要注意料理的盐分不宜过多。

食材特点 Characteristics

甜面酱：是以面粉为主要原料，经制曲和保温发酵制成的一种酱状调味品，其味甜中带咸，同时有酱香和酯香，不仅滋味鲜美，还可以丰富菜肴营养。

荷叶：用荷叶包裹食物再进行烹饪，目的是取其清香增味解腻。另外，荷叶含有大量纤维，可以促使大肠蠕动，有助排便。

XO酱蒸排骨

如何能够把家常菜做出如山珍海味一般美味难忘？简单得很，靠XO酱帮忙。作为粤菜中的高档酱料，XO酱具有色泽红亮、鲜味浓厚的特点，特别适宜于鲜嫩原料的烹制。朋友聚餐时，不妨让XO酱蒸排骨帮你露一手，这道菜不仅制作简单，省时省力，其独特的鲜香之味，也一定能助你征服食客们挑剔的胃，共享这难忘的美味时光。

材料 Ingredient

猪小排	300克
蒜末	20克

腌料 Marinade

XO酱	4大匙
蚝油	1茶匙
白糖	1茶匙
淀粉	1大匙
水	20毫升
米酒	1大匙
香油	30毫升

做法 Recipe

1. 将猪小排剁成小块，冲水，洗去血水后捞起沥干，备用。
2. 将排骨倒入大盆中，加入蒜末、蚝油、糖、淀粉、水及米酒，充分搅拌均匀至排骨入味。
3. 再加入XO酱和香油略拌匀。
4. 将排骨盛于盘中，再将装有排骨的盘子放入蒸锅中，以大火蒸约20分钟即可。

小贴士 Tips

+ 要挑选肥瘦相间的排骨，不能选全部是瘦肉的，否则肉中没有油分，蒸出来的排骨口感会比较柴。

食材特点 Characteristics

XO酱：XO酱最早出现在20世纪80年代香港的一些高级酒店，20世纪90年代开始普及。XO酱的材料没有一定标准，但一般都包括瑶柱、海虾米、金华火腿及辣椒等，味道鲜中带辣。XO酱有浓郁的鲜味，用来蒸肉、蒸海鲜都非常适合，不过由于口味较重，因此在配合使用其他调料时要掌握好比例，以免太咸而破坏菜品口感。

第四章

炖煮卤篇

水烹排骨，莫与之争

从发明涮肉火锅这道"军旅快餐"的忽必烈蒙古骑兵，到第二次世界大战中在战场上还不忘煮面吃的意大利"搞笑"军队，都昭示着：即使在危险紧张的战场上，烹饪活动也从未间断，并且依然按部就班甚至如火如荼地开展着。相同的是，在艰难环境中的烹饪大多以水烹为主，诚然，较之油烹，水烹的简单方便的确更合时宜。

古语有云，"凡味之本，水最为始"，可见水是烹饪中排在第一的重要元素。

泡茶时，水的品质尤为重要，优质的水，沏出的茶感清冽；劣质的水，则折损的品味。在烹饪中，水的作用亦然，只是常年被浓油赤酱的重口味磨练，很多人的味蕾早已失去鉴别的敏感。有盛传说，用不同品质的水来蒸大米饭，通过单纯的米饭香气就可轻易比较水质的差异。

"水烹"顾名思义，即通过加热水为传热介质将食材加工制熟，最家常的两种技法就是"煮"和"炖"了。

"煮"是最基础的水烹技法，通过水将食材加热变熟，这个简单的过程就是"煮"了，比如煮鸡蛋、煮毛豆、煮饺子。煮的食材往往体积较小，因此这种技法不问火候，煮的过程中煮沸了，就赶紧拎饭勺子凉水"浇"一下，接着继续煮，直到熟了为止。

和"煮"比起来，"炖"的要求可就多了。首先是火候，"炖"一定是先用大火煮开，再转小火慢煮的过程。炖的食材一般块头较大且不易烂，因此不仅要求制熟，还要将食材变软，这样更容易食用。也正因此，炖的过程中还要求不可加水，而是要盖上盖子，同时利用水蒸汽的热力协助制熟，使汤水中融入丰富的蛋白质而变得味美而香浓。

如此看来，"炖"着实是"煮"的另一种高级变化技法。事实上，水烹家族庞大，多数水烹菜品皆为"火攻菜"，这是因为最后一道工序皆用小火使水加热，实在是需要费"火"费时间才得以"攻"克的。如先炒制入味

再放水煮的"焖"，用小火慢慢煮的"卤"，连同"炖"一起，这三种技法就是江湖上人送外号"保鲜护味"的"火攻三剑客"。

俗话说，"好马配好鞍"，如果非要为这"三剑客"寻一位可衬托他们能力和魅力的女主角，那么排骨这味食材绝对是艳压群芳、当仁不让。

清炖排骨就是经典的代表。锅中先放冷水起火，同时下入排骨。几分钟后水温升高，血沫子就逼出来了，这个过程在烹饪术语上叫"焯水、飞水"，民间俗语管这叫"紧"一下，目的就是去除肉的腥味儿和血水，并且避免汤色浑浊，图个好品相，多数排骨类菜品都需要这个过程。焯水后的排骨半生不熟，放入砂锅中，倒水没过，加料酒、葱段、姜片以及八角等香料，紧接着锅盖一扣，就可以坐等大火烧开了。待15分钟左右，汤水沸腾，这时候一定要调整到小火，再经过2个小时的慢炖，随着香气呼之欲出，即可大功告成。

炖菜看似"大道至简"的省事儿，却也"知易行难"的费劲儿。

倘若想达到理想的品相和口感，也需花点小心思：一是关于汤的品相。有人喜欢汤汁透明清澈，就必须小火慢炖，要是喜欢汤汁乳白诱人，就非得大火翻滚沸腾一段时间才行；二是关于放盐的时间。由于食盐具有脱水作用，如果在炖制时就放盐，那么肉质在咸汤中浸泡，细胞水分将会外渗，蛋白质一凝固，肉就又硬又老了，如此一来营养向汤中溶解也受阻，汤汁的浓度和质量也不佳。所以等炖好的菜品放置至80~90℃时，再加适量的盐，方可做到汤美肉嫩。

老子曰："上善若水，水利万物而不争。"用水烹的排骨，在水的润泽与造化下，其鲜香本色得以还原，其嫩滑质感得以舒展，其本真灵性得以绽放，自然而然成就了水烹食味的"以其不争，故天下莫能与之争"。

纵是浑然天成：

芋头炖排骨

芋头曾被称之为"蔬菜之王"，在中秋时节吃芋头是广东人的习俗。光吃芋头总能体会到微微的"涩"，将芋头和排骨一起炖就能避免这一问题。芋头炖排骨不仅仅是一道表面飘着油的汤那么简单，它们更像是一对相互依附的恋人，彼此交融，浑然一体，能感受那样和谐美满的幸福，是每一个吃这道菜的人的福气吧。

材料 Ingredient

芋头	450克
猪排骨	300克
青蒜段	15克
香菇块	3朵
水	600毫升

调料 Seasoning

酱油	2大匙
盐	1/2小匙
鸡粉	1/4小匙
胡椒粉	少许
米酒	1大匙

做法 Recipe

1 将芋头洗净，去皮，切块，放入热油锅中炸熟，捞出沥干油，备用。

2 将猪排骨洗净，剁块，汆烫后备用。

3 热一锅，加入2大匙油，加入青蒜段和香菇块爆香，再加入过水的排骨和水，煮滚后盖上锅盖，以小火炖40分钟。

4 加入芋头块和所有调料，继续炖约20分钟至排骨软烂，起锅前再焖10分钟即可。

小贴士 Tips

+ 芋头表面容易氧化，所以洗净之后要浸泡在水中。

+ 煮一段时间后芋头会变软，这时可以用刀在锅里将芋头再切块，使之更小一些，这样芋头会更容易被煮成泥状，也可以避免排骨被煮得太老。

食材特点 Characteristics

香菇：又名花菇、猴头菇等，为侧耳科植物香蕈的子实体。香菇是世界第二大食用菌，在民间素有"山珍"之称。香菇富含B族维生素、维生素D原（经日晒后转成维生素D）以及铁、钾等。此外，香菇中麦角甾醇含量很高，对防治佝偻病有效；香菇多糖能增强细胞的免疫力，从而抑制癌细胞的生长。

忆苦思甜的爱：
菠萝苦瓜排骨汤

小小的菜肴其实是生活的缩影，食味的酸甜苦辣又何止于餐盘？就像这道菠萝和苦瓜的混搭菜，苦瓜的苦楚"才下眉头"，菠萝的酸甜"又上心头"。回味处，人生的有笑有泪若隐若现，有情人的风雨同舟依稀眼前。不妨亲自下厨为身边的他烹制这道菠萝苦瓜排骨汤吧，以相濡以沫的有缘相约，回忆那同甘共苦的青葱岁月。

材料 Ingredient

猪排骨	200克
苦瓜	200克
菠萝	150克
姜片	10克
水	800毫升

调料 Seasoning

盐	1茶匙
米酒	1茶匙

做法 Recipe

1 将苦瓜洗净，去籽，切块；猪排骨剁小块。

2 将排骨和苦瓜分别放入沸水中焯烫约1分钟，取出后洗净，再一起放入汤锅中。

3 将菠萝去皮，洗净，切块，泡水；然后将菠萝块、姜片和水一同加入汤锅中。

4 开火将汤锅煮沸后，转小火使汤保持在微滚的状态下，煮约30分钟，最后放入所有调料调味即可。

小贴士 Tips

➕ 将苦瓜内部的籽与白膜清除干净，并且在料理前将其汆烫，是为了去除苦瓜大部分的苦味。

食材特点 Characteristics

苦瓜：苦瓜中的苦瓜甙和苦味素能增进食欲，健脾开胃；所含的生物碱类物质——奎宁，有利尿活血、消炎退热、清心明目的功效。中医则认为，苦瓜具有清凉解渴、清热解毒、清心明目、益气解乏、益肾利尿的作用。

味噌排骨

相传味噌的起源有两个说法，一是发源于中国或泰国西部，由唐朝鉴真和尚传到日本，二是由日本民族独创。无论何种说法属实，味噌的确在日本大受热捧。研究表明，常吃味噌能预防癌症，还可以降低胆固醇，抑制体内脂肪的积聚，改善便秘等，而日本民族的长寿就与经常食用它有关。想要延年益寿，不妨多多食用这神奇的调料。

材料 Ingredient

猪大排	600克
白萝卜	500克
姜末	20克
葱	30克
水	1000毫升

调料 Seasoning

细味噌	60克
酱油	3大匙
白糖	1茶匙
米酒	2大匙

做法 Recipe

1. 将猪大排剁小块，洗净；白萝卜洗净，去皮，切小块；葱洗净，切段，备用。

2. 烧一锅水，放入剁好的大排和白萝卜焯烫约1分钟，取出洗净，备用。

3. 另取一锅，放入大排块、白萝卜块、姜末、米酒和水；再将细味噌用少许水（分量外）调稀加入拌匀。

4. 将锅内材料以大火煮沸后，转小火盖上锅盖，烧煮约1.5个小时。

5. 将酱油和白糖一起放入锅中调味，再煮约5分钟后，加入葱段即可。

小贴士 Tips

+ 在烹制本菜时如果将水换成柴鱼高汤，味道会更好。

食材特点 Characteristics

白萝卜：含有丰富的纤维素，可促进肠胃蠕动，减少粪便在肠道内的停留时间，及时把肠道中的有毒物质排出体外。

味噌：也叫日式大豆酱，可以抑制或降低血液中的胆固醇，抑制体内脂肪的积聚，有改善便秘，预防高血压、糖尿病等功效。

高纤维减肥餐：
笋干卤排骨

因着食材的干湿质地、荤素种类之别，用干货辅佐肉食进行烹制，常会收获意外的惊喜。就像这道笋干卤排骨，经过层层炖煮，笋干吸收了排骨的肉汁，口感变得绵中带韧，排骨浸润了笋干的鲜美，味道更加醇香。更可贵的是，笋干含有多种膳食纤维，可促消化、减脂肪，即便是怕身材变胖的食客，也可以安心食用。

材料 Ingredient

猪排骨	200克
笋干	100克
姜	30克
辣椒	2个
水	600毫升

调料 Seasoning

鸡精	1茶匙
白糖	1大匙
酱油	4大匙

做法 Recipe

1. 将猪排骨剁块，放入滚沸的水中焯烫约1分钟，再捞起，以冷水洗净，备用。

2. 将笋干泡入冷水约30分钟，再放入滚沸的水中汆烫约5分钟，捞起，再用冷水洗净，沥干，切段；姜和辣椒洗净，以刀背拍裂，备用。

3. 取一锅，以拍裂的姜和辣椒垫底，依序放入笋干段、排骨块、水和所有调料，以大火煮至汤汁滚沸，再改转小火续煮约40分钟即可。

小贴士 Tips

+ 卤完排骨的卤汁不要急着扔掉，可放入冰箱中妥善保存，以后煮面、炒菜时都可以用。

食材特点 Characteristics

笋干：笋干色泽黄亮、肉质肥嫩，含有丰富的蛋白质、纤维素、氨基酸及微量元素，其低脂、低糖、多膳食纤维的特点有助食、开胃之功效。

鸡精：是在味精的基础上加入化学调料制成的，由于带有鸡肉的鲜味，故称鸡精。鸡精加入菜肴、汤羹、面食中，均能达到提高食物鲜味的效果。

消夏的清爽：

冬瓜排骨汤

炎炎夏日，餐桌上总是少不了冬瓜汤品。冬瓜性凉而味甘，能清热解毒、利尿消肿，是消暑去热的上好之选。事实上，冬瓜还可改善痰积、痘疮肿痛、口渴不止等症状，四季食用均有疗效。这道嫩绿清雅的冬瓜排骨汤，恰似可以瞬间使人沉静的一缕清泉，看在眼，消除燥热之火气，喝在口，清凉繁杂之心脾，怎一个"爽"字了得？

材料 Ingredient

猪排骨	200克
冬瓜	200克
姜片	8克
水	700毫升

调料 Seasoning

盐	1茶匙
鸡精	1茶匙
米酒	1茶匙

做法 Recipe

1. 将猪排骨切小块，放入滚沸的水中汆烫约1分钟，捞起，以冷水冲净，备用。

2. 将冬瓜洗净，去皮，切小块，放入滚沸的水中焯烫约1分钟，捞起，以冷水冲凉，备用。

3. 将汆烫过的排骨块和冬瓜块放入汤锅中，加入姜片和水，以中火将汤汁煮至滚沸，再转至小火使汤保持在微微滚沸的状态下煮约30分钟，最后放入所有调料调味即可。

小贴士 Tips

+ 因为冬瓜易烂，所以不要煮得太久，否则会夹不起来。

食材特点 Characteristics

冬瓜：冬瓜中所含的丙醇二酸，能有效地抑制糖类转化为脂肪，且冬瓜本身不含脂肪，对减肥期控制体重很有帮助；另外，冬瓜还是典型的高钾低钠型蔬菜，对需进食低钠盐食物的肾脏病、高血压、浮肿病患者大有益处。

天使魔鬼都爱它：

澳门大骨煲

想要同时拥有天使的面孔和魔鬼的身材吗？这道澳门大骨煲可帮助你满足心愿。经过熬制的猪筒骨释放出了丰富的骨胶原小分子蛋白，常常饮用这种汤品，不仅能够增加皮肤的弹性和水润度，还能填补乳房细胞，促进胸部丰满紧实。赶上相好的姐妹淘聚会，你不妨私下分享这道"变美神汤"，看看有多少人已在偷偷食用这个美丽良方！

材料 Ingredient

猪筒骨	3根
猪排骨	200克
（五花骨）	
胡萝卜	50克
白萝卜	80克
玉米	1根
老姜	20克
葱	1根
水	800毫升

调料 Seasoning

盐	1.5小匙

做法 Recipe

1. 将猪筒骨、猪排骨均剁块，然后一起放入滚水中焯烫，捞出洗净备用。

2. 将胡萝卜、白萝卜均洗净，去皮，切滚刀块；玉米洗净，切小段，放入滚水中氽烫，捞出备用。

3. 将老姜洗净，去皮，切片；葱洗净，去头部，切段备用。

4. 热一锅，加适量色拉油，放入老姜片、氽过水的猪筒骨和排骨，用小火炒3分钟，盛出备用。

5. 将猪筒骨、排骨、胡萝卜块、白萝卜块、玉米段、葱段、水和盐放入电锅的内锅中，外锅加2杯水（分量外），按下开关，煮至开关跳起，揭开锅盖捞出葱段即可。

小贴士 Tips

+ 在将本品盛入盘中后，也可依个人喜好撒入些香菜和圣女果作装饰。

食材特点 Characteristics

猪筒骨：一般是指猪后腿的腿骨，骨头比较粗大，中间有洞，可以容纳骨髓。猪筒骨含有较高的蛋白质、微量元素和维生素，能增强体质。

胡萝卜：有治疗夜盲症、保护呼吸道和促进儿童生长等功效。此外，胡萝卜还含有较多的钙、磷、铁等矿物质。

浓情大团圆：
蔬菜排骨汤

谁说美味佳肴一定要使用珍稀食材？平常的用料依然可以烹制出诱人的料理，这道蔬菜排骨汤就是最好的例证。你大可尽情选用最家常的蔬菜，最平价的材料，统统随排骨一起丢进汤煲。不多时，这道营养丰富、色彩斑斓的汤品就做好了。要想味道更加美妙，记得加味独门调料，情真意切、爱心满满，才是无敌美味绝招。

材料 Ingredient

猪排骨	150克
芹菜	60克
胡萝卜	100克
圆白菜	120克
西红柿	2个
姜片	10克
水	800毫升

调料 Seasoning

盐	1茶匙
鸡精	1茶匙

做法 Recipe

1. 将猪排骨斩小块，放入滚沸的水中焯烫约1分钟，捞起，以冷水冲洗，备用。

2. 将芹菜洗净，切小段；圆白菜洗净，切块；胡萝卜洗净，去皮，切块；西红柿洗净，底部外皮划十字，放入滚沸的水中氽烫约10秒，捞起冲冷水，剥除外皮切块，备用。

3. 将排骨块、姜片、芹菜段、圆白菜块、胡萝卜块、西红柿块和水一起放入汤锅中。

4. 以中火将汤汁煮至滚沸，再转小火，使汤保持在微微滚沸的状态下煮约30分钟，最后放入所有调料调味即可。

小贴士 Tips

+ 如果觉得排骨汤油腻，可等汤晾凉后把浮在表面的油脂撇去，再加热的汤就清亮多了。

食材特点 Characteristics

西红柿：具有健胃消食、生津止渴等功效。其富含的番茄红素是非常好的抗氧化剂，其对有害游离基的抑制作用是维生素E的10倍左右。

圆白菜：圆白菜含有某种溃疡愈合因子，对溃疡有着很好的治疗作用，能加速创面愈合，是胃溃疡患者的食疗佳品。

白玉养生露：
萝卜排骨酥汤

用萝卜搭配排骨炖汤可谓家常经典菜品，但如果你天生拒绝平庸又热爱挑战，不妨试试这道萝卜排骨酥汤。这道汤的特点即在一个"酥"字，其奥秘就在于先将排骨裹面过油炸酥后再行汤煮。经过油炸的排骨鲜香更加浓郁，熬制的汤汁也因油花的催化变得泛白醇厚，浅饮一口，便觉滴滴浓香，意犹未尽，实在是别具一格的美味汤品。

材料 Ingredient

猪排骨	200克
白萝卜	1个
低筋面粉	适量
香菜	适量
水	1000毫升

腌料 Marinade

鲜美露	36毫升
米酒	1大匙
五香粉	适量
胡椒粉	适量
鸡蛋	1个

调料 Seasoning

胡椒粉	适量
鲜美露	50毫升

做法 Recipe

1. 将猪排骨洗净，剁块，备用。

2. 将所有腌料混合搅拌均匀，然后放入排骨块腌制约30分钟，备用。

3. 将排骨块沾裹上一层薄薄的低筋面粉后，放入油温为180℃的油锅中，炸至外观呈金黄色即可捞起，沥油，备用。

4. 将白萝卜洗净，去除外皮，先切成2厘米的厚片，再将厚片切成4等份块。

5. 取一汤锅，加入炸过的排骨块、萝卜块、水和鲜美露同煮至萝卜变软，然后盛入碗中，食用前再加入香菜和胡椒粉即可。

小贴士 Tips

+ 也可将萝卜事先炒一下，会使营养更容易被吸收。

食材特点 Characteristics

香菜：也叫胡荽，是人们熟悉的提味蔬菜，状似芹，叶小且嫩，茎纤细，味郁香，性温、味甘，能健胃消食、发汗透疹、利尿通便、祛风解毒。

胡椒粉：亦称古月粉，由热带植物胡椒树的果实碾压而成。胡椒粉含有的特殊成分使其具有特有的芳香味道，还有苦辣味。此外，胡椒粉还具有药用的功效。

东南亚经典早餐：

肉骨茶

肉骨茶是一种流行于东南亚的食品，它是由猪肉混合中药及香料，熬煮数个小时而成的浓汤。汤料中并没有茶叶的成分，但是由于食用时多会泡茶以解汤肉的肥腻，所以一般都习称为肉骨茶。这道菜品通常伴白饭或以油条蘸汤来吃，是一道典型的早点菜式。如果你热衷南洋口味，不妨在家试做这道异域佳肴，相信会别有一番风情。

材料 Ingredient

猪大排	200克
圆白菜	80克
蒜	10瓣
姜片	10克
水	800毫升

调料 Seasoning

盐	1茶匙
米酒	1茶匙

卤包材料

当归	5克
党参	8克
玉竹	4克
熟地	8克
桂皮	8克
陈皮	4克
黄芪	4克
甘草	4克
胡椒粒	6克

做法 Recipe

1. 将猪大排切小块，放入滚水中焯烫约1分钟，捞出洗净，放入汤锅中备用；将圆白菜洗净，撕小片。

2. 将所有卤包材料用棉布包包好，放入汤锅中，再加入蒜、姜片和水。

3. 开火煮沸，再转小火使汤保持在微滚沸的状态下，煮约50分钟后放入圆白菜。

4. 再煮约10分钟，最后加入盐和米酒调味即可。

小贴士 Tips

+ 若觉得卤包中的药材成分很繁杂，准备起来麻烦，也可以直接请中药铺帮你搭配，或是购买现成的肉骨茶包。不过，因为每家的配方不太一样，风味也会略有差异。

食材特点 Characteristics

当归：中医认为精血同源，血虚者津液也不足，肠液亏乏易致大便秘结。当归可润肠通便，常与麻仁、苦杏仁、大黄合用治疗血虚便秘。

黄芪：具有增强机体免疫功能、保肝、利尿、抗衰老、降压和较广泛的抗菌作用，能增强心肌收缩力，调节血糖含量。

排毒养颜佳品：

莲藕排骨汤

中医认为，藕生食能凉血散淤，熟食能补心益肾，是不可多得的滋补佳珍。对于爱美人士来说，藕的可贵之处还在于能帮助排泄体内的废物和毒素，具有延缓衰老和滋润皮肤之功效。当香脆可口的莲藕碰上鲜香浓郁的排骨，那混合的芬芳将一边带你陷入"接天莲叶无穷碧"的遐想，一边为你注入"映日荷花别样红"般的能量。

材料 Ingredient

猪腩排	200克
莲藕	100克
陈皮	1片
姜片	10克
葱白	2根
水	800毫升

调料 Seasoning

盐	1/2茶匙
鸡精	1/2茶匙
绍酒	1茶匙

做法 Recipe

1. 将猪腩排剁小块，用沸水汆烫，捞出洗净，备用。
2. 将莲藕去皮，切块，焯烫，沥干；陈皮用水泡软，削去内部白膜，备用。
3. 将姜片和葱白用牙签串起，备用。
4. 取一电饭锅，在内锅中放入腩排、莲藕、陈皮、姜片和葱白，再加入水及所有调料。
5. 将内锅放入电饭锅里，外锅加入1杯水（分量外），盖上锅盖，按下开关，煮至开关跳起后，捞出姜片、葱白即可。

小贴士 Tips

+ 煲汤时鸡精不用放太多，因为排骨本身的味道就很鲜美了。

食材特点 Characteristics

莲藕：含丰富的维生素C及矿物质，不仅对心脏有益，还有促进新陈代谢、防止皮肤粗糙、增强人体免疫力的功效。

陈皮：具有行气健脾、降逆止呕、燥湿化痰的功效，可用于治疗胃部胀满、嗳气、消化不良、食欲不振、咳嗽多痰等症状。

暖男必杀技:
红枣糯米炖排骨

红枣和糯米是著名的滋补佳品,经常食用可使皮肤白皙、面色红润,由内而外散发自然光泽,尤其适合爱美的女性食用。作为暖男的你,不妨为心爱的她烹制这道红枣糯米炖排骨,红枣的补血益气,加上糯米的滋阴健脾,再配上排骨的升阳益髓,一道色香味俱全的绝味菜品,既表达了暖暖的关怀,更诉说了幽幽的情义。

材料 Ingredient

猪大排	200克
圆糯米	50克
红枣	10颗
姜片	10克
水	800毫升

调料 Seasoning

盐	1茶匙
米酒	1茶匙

做法 Recipe

1. 将圆糯米洗净,泡水20分钟,捞出沥干,备用。
2. 将猪大排切小块,放入沸水中焯烫约1分钟,取出洗净,放入汤锅中。
3. 将圆糯米、红枣和姜片放入汤锅中,再加入水。
4. 开火将汤锅煮沸,转小火使汤保持在微滚沸的状态下,煮约50分钟,最后放入所有调料调味即可。

小贴士 Tips

+ 排骨一定要经过焯烫,这样做出来的汤色才清无杂质。

食材特点 Characteristics

红枣:能促进白细胞的生成,降低血清胆固醇,提高血清白蛋白,保护肝脏;又因为富含钙和铁,所以对防治骨质疏松、产后贫血也有重要作用。

圆糯米:属粳糯,形状圆短,白色不透明,口感甜腻,黏度稍逊于长糯米,适用于脾胃虚寒所致的反胃、食欲减少、泄泻和气虚等症。

懒人制胜大法：

啤酒炖羊腩排

如何能够炖出美味的羊肉？想必方法有很多种。可要数最简单的，非用啤酒莫属。啤酒不仅可以轻松去掉羊肉的膻味，还有助于蛋白质的分解，能大大提高羊肉的吸收率和营养价值。更神奇的是，其含有的多种活性酶，还可以软化羊肉的活性，使肉质更加嫩滑。如此看来，啤酒实在是"化膻腻为鲜美，化韧道为细嫩"的炖肉良方。

材料 Ingredient

带皮羊腩排	800克
姜片	25克
竹笋	300克
干辣椒	8克
花椒	4克
肉桂	10克
水	1500毫升
罐装啤酒	1罐

调料 Seasoning

盐	2茶匙
白糖	1/2茶匙

做法 Recipe

1 将羊腩排剁成块，洗净；将竹笋洗净，切成小块，备用。

2 热一锅，倒入2大匙油，以小火爆香姜片、干辣椒和花椒。

3 放入羊腩排以大火快炒，炒至羊肉表面缩起。

4 加入竹笋块、啤酒、肉桂及水，然后将全部材料移入汤锅中，以大火煮开后转小火煮约1.5小时。

5 将羊腩排煮至软烂后，加入盐及白糖调味即可。

小贴士 Tips

+ 最后可用大火收一下汁，这样可使黏稠的汁液裹在肉上。

食材特点 Characteristics

肉桂：肉桂含有丰富的营养成分，具有很强的保健功效。但有口渴、咽干舌燥、咽喉肿痛、鼻子出血等热性症状及各种急性炎症时不宜食用。

啤酒：啤酒是由谷物制成，因此含有丰富的B族维生素和其他营养素，并具有一定的热量，适量饮用，对身体健康有一定好处。

平民人参汤：
红白萝卜排骨汤

俗话说"萝卜就茶水，气歪大夫半个嘴"，可见萝卜的健体之妙深得人心。事实也是如此，萝卜补气健胃，富含丰富的维生素和膳食纤维，甚至被冠以"平民人参"的美誉。用萝卜炖煮肉汤，是最经典的萝卜吃法之一。萝卜吸收了肉骨的鲜香，变得软烂易食，汤汁浓缩了萝卜的精华，更具养生之效，实在是家常必备的营养美味汤。

材料 Ingredient

猪腩排	200克
白萝卜	80克
胡萝卜	50克
蜜枣	1颗
陈皮	1片
罗汉果	1/4个
南杏仁	1茶匙
姜片	15克
葱白	2根
水	800毫升

调料 Seasoning

盐	1/2茶匙
鸡精	1/2茶匙
绍酒	1茶匙

做法 Recipe

1. 将蜜枣洗净；陈皮泡水至软，削去白膜；南杏仁泡水8小时；罗汉果去壳，备用。

2. 将猪腩排剁小块，焯烫，洗净，备用。

3. 将胡萝卜、白萝卜均洗净，去皮，切滚刀块，焯烫后沥干，备用。

4. 取一电饭锅的内锅，放入做法1、做法2、做法3中的所有材料，再放入姜片、葱白、水和所有调料。

5. 将内锅放入电饭锅里，外锅加入1杯水，盖上锅盖，按下开关，煮至开关跳起后，捞出姜片、葱白即可。

小贴士 Tips

+ 有人认为"白萝卜和胡萝卜不能一起吃"。理由是白萝卜富含的维生素C会被胡萝卜含有的维生素C分解酶破坏掉。实际上，维生素C的分解酶比维生素C要不耐热的多，在沸水中，还没等它去破坏维生素C，自己就已经先被破坏掉了。所以，二者是完全可以一起食用的。

食材特点 Characteristics

罗汉果：别名拉汗果等，含丰富的维生素C，有抗衰老、抗癌及益肤美容作用；还有降血脂及减肥作用，可辅助治疗高脂血症。

南杏仁：又名甜杏仁、南杏，专供食用，外形似苦杏仁而稍大。含丰富的蛋白质、植物脂肪等，有润燥补肺、滋养肌肤的作用。

共谱甜蜜恋歌：

苹果红枣炖排骨

想要给她一个食味惊喜，却摸不准高级食材的脉搏，这道苹果红枣炖排骨或许可以帮你一显身手。苹果入菜虽然司空见惯，但炖熟的酥软一定能取悦她的芳心；红枣炖汤纵然习以为常，但久熬的甜香一定能俘获她的味蕾，别忘了还有芬芳四溢的排骨压轴，这样一道爱意浓浓的美味，足以帮你满足她的口，再帮你牵住她的手。

材料 Ingredient

猪排骨	500克
苹果	1个
水	1200毫升
红枣	10颗

调料 Seasoning

盐	1.5茶匙

做法 Recipe

1 将猪排骨洗净，切块，放入沸水中汆烫去血水；苹果洗净，带皮剖成8瓣，挖去籽；红枣洗净，备用。

2 将排骨、苹果、水和红枣放入电饭锅的内锅中，外锅加1杯水（分量外），盖上锅盖；按下开关，待开关跳起，续焖10分钟后，加入盐调味即可。

菜之君子有道：
苦瓜排骨汤

常言道"良药苦口利于病"，或许这也暗示了苦味的食材亦对人有益。研究发现，含有特殊苦味的苦瓜就具有几十种保健功效，确实具有一般蔬菜无法比拟的神奇作用。与其食用保健药品，承担"是药三分毒"的风险，不妨多食用苦瓜。无需担心的是，有"君子菜"雅称的苦瓜，从不会把苦味传给"别人"，食客们大可随意搭配食材，放心享用。

材料 Ingredient

苦瓜	1/2根
猪排骨	300克
小鱼干	10克
水	1000毫升

调料 Seasoning

盐	适量

做法 Recipe

① 将苦瓜洗净，去籽、去白膜，切段，备用。

② 将小鱼干泡水至软化，沥干；猪排骨切块，用热开水焯烫，洗净，沥干备用。

③ 取一内锅，放入排骨块、苦瓜段、小鱼干和水。

④ 将内锅放入电饭锅中，外锅放2杯水（分量外），盖上锅盖后按下开关，待开关跳起后加盐调味即可。

女人圣品:
四物排骨汤

"药食同补"作为中华饮食文化特色，在很多药膳里都有体现，四物排骨汤就是其中之一。四物汤是传统中医补血养血的经典药方，不仅具有补血调经的功效，还可缓解女性的经痛。用四物和排骨一起炖煮，肉质吸收了药材的甘甜，味道口感独特，吃肉喝汤即可达到食药的效果，方便日常制作，实在是现代女性保健的必备菜品。

材料 Ingredient

猪排骨	600克
姜片	10克
水	1200毫升

调料 Seasoning

盐	1.5茶匙
米酒	50毫升

中药材 Medicinal

当归	8克
熟地	5克
黄芪	5克
川芎	8克
芍药	10克
枸杞子	10克

做法 Recipe

1. 将猪排骨洗净，切块，放入沸水中焯烫去血水；将所有中药材稍微清洗，沥干，放入药包袋中，备用。

2. 将所有材料、中药包与米酒放入电饭锅的内锅中，外锅加1杯水（分量外），盖上锅盖，按下开关，待开关跳起，续焖20分钟，加入盐调味即可。

古韵客家风:
干豆角排骨汤

迁徙路上食物贫乏，加之崇尚节俭的生活习性，客家人常把吃不完的应季菜制成菜干，再保存起来慢慢吃。这种习惯经过长久发展，逐渐演变为客家人独特的腌食文化。干豆角就是当地常见的腌干食材之一，用它和排骨一起炖汤，当汤汁恢复了豆角的酥嫩口感，你一定会感慨客家人生活的智慧。

材料 Ingredient

干豆角	50克
猪排骨	300克
水	800毫升

调料 Seasoning

盐	适量

做法 Recipe

1. 将干豆角泡水，洗净；将猪排骨斩块，用热开水焯烫，洗净，沥干备用。

2. 取一内锅，放入排骨、干豆角和水。

3. 将内锅放入电饭锅中，外锅放1杯水（分量外），盖锅盖后按下开关，待开关跳起后加盐调味即可。

香软黄金汤：

南瓜排骨汤

南瓜又名"金瓜"，不只因为颜色金黄，其丰富的营养和药用价值也是其金贵之处。用南瓜和排骨一起炖汤就是不错的搭配，南瓜的细软，突显出了排骨的嫩滑，排骨的浓香，又衬托着南瓜的清甜。望着这一道黄澄澄、金灿灿的绝美大餐，怎能不叫人拍手称赞，想必那自诩不食人间烟火的神仙，也免不了垂涎三尺！

材料 Ingredient

羊腩排	200克
南瓜	100克
姜片	15克
葱白	2根
水	800毫升

调料 Seasoning

盐	1/2茶匙
鸡精	1/2茶匙
绍酒	1茶匙

做法 Recipe

1. 将羊腩排剁小块，放入沸水中焯烫去血水，捞出洗净，备用。

2. 将南瓜洗净，去皮，切块，焯烫后沥干，备用。

3. 将姜片和葱白用牙签串起，备用。

4. 取一内锅，放入羊腩排块、南瓜块、姜片葱白串，再加入水及所有调料。

5. 将内锅放入电饭锅里，外锅加入1杯水（分量外），盖上锅盖，按下开关，煮至开关跳起，捞除姜片、葱白串即可。

小贴士 Tips

+ 煮汤的水要一次性加够，中途是不能再加水的。

食材特点 Characteristics

羊腩排：羊腩排对应的基本上是猪的五花肉。较猪肉而言，其肉质要更细嫩；较牛肉而言，其脂肪、胆固醇含量要更少。冬季食用，可收到进补和防寒的双重效果。

葱白：是葱近根部的鳞茎，具有发汗解表、通达阳气的功效，主要用于外感风寒、阴寒内盛、厥逆、腹泻等症，外敷还能治疗疮痈疔毒。

记忆中的肉香：

怀旧卤排骨

记得小时候，只要一到过年，平时哪怕再拮据的人家，也会炖上一锅肉。这肉往往被分成好几顿，吃上个把月，正因如此，肉一般只放调料清炖，以便之后可以添加不同辅料分别烩菜。肉之浓郁醇香，无论搭配萝卜或青菜总是相宜。这精明而讨巧的法子，就这样随着香味印入心底，在那个年代是生活的智慧，流传至今却成了餐桌美味。

材料 Ingredient

猪里脊大排	5片
葱段	适量
蒜	3瓣
姜片	1片
水	1200毫升
卤包	1包

调料 Seasoning

酱油	1杯
冰糖	1大匙
米酒	1/2杯

腌料 Marinade

酱油	2大匙
米酒	3大匙
地瓜粉	2大匙

做法 Recipe

1. 将猪里脊大排洗净，沥干，放入容器中，再加入所有腌料搅拌均匀，腌制10分钟。

2. 起锅倒入色拉油，将油温烧热至约160℃，再放入腌好的里脊大排，使其炸上色后捞起，备用。

3. 另起一锅，放入3大匙油烧热，将蒜、葱段、姜片一同入锅爆香。

4. 将所有调料倒入锅中搅匀拌煮一下，再加入卤包及水搅拌均匀，煮至滚沸。

5. 待煮滚后，放入炸好的排骨，以小火卤约20分钟，捞出装盘即可。

小贴士 Tips

+ 根据自己的喜好，图片饭盒中的配菜可随意选择搭配。

食材特点 Characteristics

冰糖：冰糖可以增加甜度，中和多余的酸度。中医认为，冰糖具有润肺、止咳、清痰、祛火的作用，但糖尿病患者应忌食。

卤包：卤包由生姜、桂皮、小茴香、陈皮、丁香、草果、三奈、花椒、香草等香料组成，是做卤味的必备。

提神兴奋剂：

芥菜排骨汤

如果你浑身疲惫，急需提神醒脑，一杯咖啡又帮不了你，或许一碗芥菜汤能够拯救你。据研究，芥菜含有大量的抗坏血酸，能增加脑氧含量并提高利用率，对提神醒脑、解除疲劳有奇效。当腾腾热气扑面而来，请细细品味碧绿菜叶的入口丝滑吧，因为这美味将化作一股能量缓缓地流遍全身，激活每一个倦怠的细胞。

材料 Ingredient

猪小排	200克
芥菜心	100克
姜片	15克
水	800毫升

调料 Seasoning

盐	1/2茶匙
鸡精	1/2茶匙
绍兴酒	1茶匙

做法 Recipe

1. 将猪小排剁块，放入沸水中焯烫，捞出洗净，备用。
2. 将芥菜心削去老叶，切对半，洗净，焯烫后过冷水，备用。
3. 取一内锅，放入小排骨块、芥菜心，再加入姜片、水及所有调料。
4. 将内锅放入电饭锅中，外锅加入1杯水（分量外），盖上锅盖，按下开关，煮至开关跳起后，捞除姜片即可。

小贴士 Tips

+ 挑选芥菜时，需注意叶柄是否有软化现象，叶柄越肥厚越好。

食材特点 Characteristics

芥菜：含有的大量抗坏血酸，是活性很强的还原物质，能增加大脑的含氧量，激发大脑对氧的利用，所以有提神醒脑、解除疲劳的作用。

绍酒：以精白糯米加上鉴湖水酿造而成，酒精浓度在14~18℃，常作为调味料使用或直接饮用。

天然丰胸药：

青木瓜排骨汤

不想动刀却想拥有傲人身姿，可能吗？当然，只要有青木瓜来帮忙。享有"果之珍品"美誉的木瓜，不仅口味香甜、营养丰富，还具有非常独特的刺激乳腺激素分泌的功能，既是促进产妇增乳的绝佳食材，也是最天然、最健康的丰胸美体圣品。爱美的你，不妨试试这道青木瓜炖的排骨汤，坚持经常食用，必定会收获意外的惊喜！

材料 Ingredient

猪腩排	200克
青木瓜	100克
姜片	10克
葱白	2根
水	800毫升

调料 Seasoning

盐	1/2茶匙
鸡精	1/2茶匙
绍酒	1茶匙

做法 Recipe

① 将猪腩排剁小块，入沸水中焯烫，捞出洗净，备用。

② 将青木瓜洗净，去皮，切块，焯烫后沥干，备用。

③ 将姜片和葱白用牙签串起，备用。

④ 取一内锅，放入腩排块、青木瓜块、姜片葱白串，再加入水及所有调料。

⑤ 将内锅放入电饭锅中，外锅加入1杯水（分量外），盖上锅盖，按下开关，煮至开关跳起后，捞除姜片、葱白即可。

小贴士 Tips

⊕ 可根据个人喜好加几枚红枣，这样能使汤品更好看，营养也更加丰富。

食材特点 Characteristics

青木瓜：因熟到快要掉地时外皮才黄，故名青木瓜。青木瓜成熟后黄皮红心，富含木瓜酵素、木瓜蛋白酶、凝乳蛋白酶、胡萝卜素以及17种以上氨基酸等营养元素。新鲜的青木瓜一般带有苦涩味，果浆味也比较浓，有助消化、润滑肌肤、分解体内脂肪、刺激雌激素分泌等功效。

最是奇香一缕：
大头菜排骨汤

大头菜也叫"疙瘩菜"，或许是因为由它腌制而成的咸菜声明远扬，使得人们常常忘记了它亦可被直接热熟而食。比如，与排骨同炖就是相当不错的搭配，大头菜的清脆可口还齿间未尽，排骨的滑韧鲜嫩已舌尖绕香，不仅如此，大头菜独特的鲜香气味，还能增进食欲、帮助消化，直叫诸位食客沉醉于其中，欲罢不能。

材料 Ingredient

猪排骨	300克
大头菜	1/2个
老姜	30克
葱	1根
水	600毫升

调料 Seasoning

盐	1小匙

做法 Recipe

1. 将猪排骨剁小块，入沸水中焯烫，捞出洗净，备用。

2. 将大头菜洗净，去皮，切滚刀块，放入沸水中焯烫，然后捞出备用。

3. 将老姜去皮，切片；葱只取葱白洗净，备用。

4. 取一内锅，将排骨块、大头菜块、老姜片、葱白、水和盐一起放入其中。

5. 将内锅放入电饭锅中，外锅加1杯水（分量外），盖上锅盖，按下开关，煮至开关跳起，捞除葱白即可。

小贴士 Tips

+ 大头菜如果保存不当很容易坏掉，可将叶和根茎切至二三厘米长，用报纸分别包好，再放入冰箱的蔬菜冷藏区保存。

食材特点 Characteristics

大头菜：也称芜菁，富含维生素A、叶酸、维生素C、维生素K和钙等，具有解毒消肿、下气消食、利尿除湿的功效，但心脑血管疾病患者不宜食用。

老姜：俗称姜母，是指立秋之后收获的姜，即姜种。特点是皮厚肉坚，味道辛辣，但香气不如黄姜浓郁。

玉米鱼干排骨汤

众所周知，钙对人体具有重要作用，儿童骨骼发育需要钙，老人预防骨质疏松也需要钙。而小鱼干作为食材界的"高钙达人"，用来炖汤喝可是再益于吸收不过了。不妨试试这道玉米鱼干排骨汤，鱼干的鲜美透着玉米的清甜，玉米的清甜又衬托出排骨的浓香，这美味不仅满足了一家老小的胃口，这营养更呵护了全体家人的健康。

材料 Ingredient

猪梅花排（肩排）	200克
玉米	1根
胡萝卜	50克
小鱼干	15克
老姜片	10克
水	800毫升

调料 Seasoning

盐	1/2茶匙
鸡精	1/2茶匙
绍酒	1茶匙

做法 Recipe

1. 将猪梅花排剁成小块，入沸水中焯烫，捞出洗净，备用。

2. 将玉米切段，胡萝卜切滚刀块；再将二者分别洗净，用开水焯烫后沥干，备用。

3. 将小鱼干略冲洗后沥干，备用。

4. 取一内锅，放入梅花排、玉米段、胡萝卜块、小鱼干，再加入老姜片、水及所有调料。

5. 将内锅放入电饭锅中，外锅加入1杯水（分量外），盖上锅盖，按下开关，煮至开关跳起后，捞除老姜片即可。

小贴士 Tips

+ 汤中加入小鱼干能增添风味，还能补充钙质。

+ 玉米要选择颗粒饱满的甜玉米，这样汤头会比较甜。

食材特点 Characteristics

玉米：营养价值较高，含有蛋白质、脂肪、胡萝卜素、维生素B_2等营养物质，可以预防心脏病，还能促进新陈代谢。

鱼干：富含蛋白质，但如果食用过多，摄入的蛋白质超过了人体的利用能力，就会在体内形成氨、尿素等一系列代谢废物，增加肝肾的负担。

滋阴补气美容菜:
山药薏米炖排骨

大多补气的食物稍微多吃一些，火气就会加重；补阴的食物稍微多吃一些，湿气就会加重，然而山药这味食材却完美得很，他性平味甘，既能气阴双补，却又不会上火助湿。如果再加以擅长祛湿气、消水肿的薏米辅佐，二者搭配的菜肴，不仅称得上是现代社会亚健康状态的对症药膳，也是追求皮肤紧致之爱美人士的养颜良方。

材料 Ingredient

猪排骨	600克
山药	50克
薏米	50克
红枣	10颗
姜片	10克
水	1200毫升

调料 Seasoning

盐	1.5茶匙
米酒	50毫升

做法 Recipe

1. 将猪排骨剁块，放入开水中焯烫，捞出洗净，备用。
2. 将山药去皮，切块，放入开水中焯烫，捞出备用；将薏米洗净，放入水中浸泡60分钟，备用；将红枣洗净，备用。
3. 取一电饭锅的内锅，将排骨块、山药块、薏米、红枣、姜片、水和调料中的米酒一起放入其中。
4. 将内锅放入电饭锅中，外锅加一杯水（分量外），盖上锅盖，按下开关，待开关跳起，续焖10分钟后，开盖加盐调味即可。

小贴士 Tips

+ 在切山药或者给山药削皮时手上容易沾到黏液，可以先将山药放在开水中焯烫一下，这样就可避免。

食材特点 Characteristics

山药：有滋养强壮、助消化、敛虚汗、止泻的功效，主治脾虚腹泻、肺虚咳嗽、小便短频、遗精、消化不良等病症。

薏米：营养丰富，对于久病体虚，处于病后恢复期的患者，老人、产妇、儿童都有较好的补益作用，微寒而不伤胃，益脾而不滋腻。

农家风情：

排骨玉米汤

农村的房梁边上，常会挂上一串串金灿灿的玉米，在阳光的照耀下，闪亮璀璨如珍宝一般。其实，玉米又何尝不是农家的宝贝，它含有丰富的维生素和膳食纤维，早就是人们不可或缺的美味。而玉米汤品不仅满足着人们果腹的需求，更彰显了秋收的喜悦，那香甜的芬芳仿佛在诉说着，天地人和万事兴，又是一个丰收年。

材料 Ingredient

猪排骨	600克
玉米	3根
水	1500毫升

调料 Seasoning

盐	1/3大匙
紫鱼味精	1/3大匙
香油	适量

做法 Recipe

1. 将猪排骨洗净，剁块，用开水焯烫去血水，捞起洗净，沥干备用；将玉米洗净，切段备用。

2. 将所有材料和调料一起放入电饭锅中，加热煮沸后改中火煮5~8分钟，加盖后熄火，再盛入保温焖烧锅中，焖2小时即可。

嫩肤靓汤：
西红柿银耳煲排骨

梦想"白里透红，与众不同"的皮肤吗？这道西红柿银耳煲排骨可以让你美梦成真。西红柿既富含维生素C，又是果蔬中的抗氧化"小能手"，而银耳具有菌类小分子胶质，向以"平民燕窝"著称。再加上具有丰富油脂的排骨打底，三者的跨界携手真可谓"想皮肤之所想，急皮肤之所急"，常常食用，皮肤想不好都难。

材料 Ingredient

猪排骨	300克
西红柿	2个
银耳	50克
水	2000毫升

调料 Seasoning

盐	少许
鸡粉	少许

做法 Recipe

1. 将猪排骨剁块，放入沸水中焯烫去除血水，捞起洗净，备用。

2. 将西红柿洗净，切块；银耳以冷水浸泡至软，去除硬边，洗净备用。

3. 取一砂锅，放入备好的排骨，加水以大火煮至沸腾，再转小火续煮约30分钟。

4. 将西红柿块、银耳加入砂锅中，以小火续煮约1小时，起锅前加入盐和鸡粉拌匀即可。

王牌女人汤：

雪莲花排骨汤

或许是因为雪莲花天生神秘，不少人探寻一生都未曾见过它芳容的传说广为流传。其实，雪莲花不仅是难得一见的奇花异草，也是非常名贵的中药材，具有除寒痰、壮阳补血、暖宫散淤、治月经不调等功效。这道雪莲花炖排骨，可谓女人滋补的珍馐。勤劳善良的女人们，请在繁忙中勿忘对自己好一点，毕竟只有先关爱自己，才能更好地关爱家人。

材料 Ingredient

猪排骨	600克
雪莲花	1朵
姜片	10克
水	1200毫升

调料 Seasoning

盐	1.5茶匙
米酒	50毫升

做法 Recipe

1. 将猪排骨剁块，放入沸水中焯烫去血水；将雪莲花稍微清洗，备用。

2. 将所有材料与米酒放入电饭锅的内锅中，外锅加1杯水（分量外），盖上锅盖，按下开关，待开关跳起，续焖10分钟后，加入盐调味即可。

贵族的菌王宴：

松茸排骨汤

松茸是一种珍稀名贵的食用菌类，被誉为"菌中之王"，目前全世界都无法人工培植。研究证明，松茸不仅营养丰富，还含有全世界独一无二的抗癌物质——松茸醇。如果你有幸品尝这名贵的食材，可切莫怠慢了它，请认真细细品味吧，当润滑的口感牵动唇齿，浓郁的鲜香扰动心房，你一定会由衷感叹——"菌王"之称实至名归！

材料 Ingredient

猪排骨	500克
松茸	100克
姜片	30克
水	1000毫升

调料 Seasoning

盐	2大匙
米酒	3大匙

做法 Recipe

① 将猪排骨洗净，切块，用开水焯烫；松茸洗净，备用。

② 取一内锅，加入姜片、排骨块、松茸和所有调料，再放入电饭锅中，外锅加约1.5杯水（分量外），盖上锅盖，按下开关，蒸约45分钟即可。

脑力加油站：

金针炖排骨

黄花菜具有"观为花，食为菜，用为药"的美誉，它的肉质肥大，花味清香，营养价值很高，是著名的健康食品。同时，黄花菜又被称为"健脑菜"，具有显著降低人体血清胆固醇含量，进而降低中老年疾病和机体衰退的功效。家有老年人，不妨经常奉上这道金针炖排骨，既能补充脑力、保健身体，也不失餐桌情趣和鲜香美味。

材料 Ingredient

猪排骨	200克
黄花菜	50克
姜末	30克
水	250毫升

调料 Seasoning

盐	1/2茶匙
鸡精	1茶匙
白糖	1大匙
米酒	2大匙

做法 Recipe

1. 将猪排骨剁块，放入沸水中焯烫约1分钟，捞起，以冷水洗净，备用。

2. 将黄花菜洗净，用开水焯烫，捞出洗净，沥干备用。

3. 热一锅，加入少许色拉油烧热，以小火爆香姜末，加入排骨和米酒，转至中火拌炒约1分钟。

4. 续加入水、黄花菜和其余所有调料并搅拌均匀，盖上锅盖，以小火焖煮约20分钟后起锅即可。

小贴士 Tips

+ 新鲜的黄花菜含有对人体有害的秋水仙碱，处理时最好先用开水烫一下，然后将其汁水挤压干净，再用清水清洗几遍，最后将其汁水挤压干净。

食材特点 Characteristics

黄花菜：又名金针菜，含有丰富的糖、蛋白质、维生素C、钙、脂肪、胡萝卜素、氨基酸等人体必需的成分。中医认为，黄花菜性凉、味甘，有止血、消炎、清热、利湿、消食、明目、安神等功效，可作为病后或产后的调补品。

爱是合家欢乐：

草菇排骨汤

因特有的浓香，菌菇在中西餐里都是上好的煲汤食材。其中，草菇作为中国土生土长的"国民之菇"，在家宴中配肉炖汤尤为惯常。当草菇的鲜香刚刚出炉，微微入鼻，排骨的浓郁紧随其后，飘香四溢，两种气息混合纠缠，时而陶醉在你的眼前，时而萦绕在我的唇边，唯一不变的，是美味背后的爱意沉沉，和家人之间的情意绵绵。

材料 Ingredient

猪排骨酥	300克
罐装草菇	300克
香菜	适量
高汤	1200毫升

调料 Seasoning

盐	1/2小匙
鸡精	1/4小匙

做法 Recipe

1. 打开草菇罐头，取出草菇，放入沸水中焯烫以去除罐头味，捞出洗净，沥干备用。

2. 取一电饭锅内锅，放入猪排骨酥和草菇，倒入高汤。

3. 将内锅放入电饭锅中，外锅中加2杯水（材料外），盖上锅盖，按下开关，待开关跳起，放入盐和鸡精拌匀，撒上香菜即可。

小贴士 Tips

+ 煲汤时可再加入几滴米醋，有利于钙质的释放。

+ 如果不喜欢吃太软的草菇，可选择后放。

食材特点 Characteristics

草菇：草菇富含维生素C，能促进人体新陈代谢，提高机体免疫力，增强抗病能力；还含有多糖和异构蛋白，可降低血液中的胆固醇含量。

高汤：通常是指经过长时间熬煮的鸡汤，在烹调过程中代替水，加入到菜肴或汤羹中，目的是提鲜，使菜品味道更浓郁。

正是青黄不接：
苦瓜黄豆排骨汤

苦瓜黄豆排骨汤是一道著名药膳，其气味既有苦瓜的苦甘，又不失黄豆的清润，具有清暑除热、明目解毒的功效，是民间夏日解暑的惯用汤饮，亦常用以治疗感暑烦渴、眼结膜炎等病症。在夏日倦热之时，不妨试试这道黄绿相间的汤品，咕咚咕咚喝下一碗，让翠绿的苦瓜带给伏天一丝清爽，看嫩黄的大豆带给暑热天气一片凉意。

材料 Ingredient

猪小排	200克
苦瓜	100克
黄豆	30克
姜片	10克
葱白	2根
水	800毫升

调料 Seasoning

盐	1/2茶匙
鸡精	1/2茶匙
绍酒	1茶匙

做法 Recipe

1. 将黄豆洗净，泡水8小时，捞出沥干，备用。

2. 将猪小排剁块，用开水焯烫去除血水，捞出洗净；将姜片、葱白用牙签串起，备用。

3. 将苦瓜洗净，剖开去籽、削去白膜，切块，用开水焯烫后捞出沥干，备用。

4. 取一内锅，放入小排骨、黄豆、苦瓜块、姜片葱白串，再加入水和所有调料。

5. 将内锅放入电饭锅中，外锅加入1杯水（分量外），盖上锅盖，按下开关，煮至开关跳起后，捞除姜片、葱白即可。

小贴士 Tips

+ 盐和鸡精的用量可根据个人口味进行调整。

食材特点 Characteristics

黄豆：含有丰富的维生素和多种人体不能合成但又必需的氨基酸，常食黄豆，可以使皮肤细嫩、白皙、润泽，有效防止雀斑和皱纹的出现。但消化功能弱者慎食；患有严重肝病、肾病、痛风、消化性溃疡、低碘者忌食；患疮痘期间不宜吃黄豆及其制品。

牵挂的味道:
经典卤排骨

犹记得,儿时常常围着灶台玩耍,若是看到刚做熟的排骨,总能乐得开怀,那是妈妈做的卤排骨,用最传统最家常的做法。这美味的肉,才吃进嘴里,浓浓的爱,就在心底慢慢融化。长大后漂泊在外,每次想起家,仿佛都能闻见那股肉的芬芳,那熟悉的味道,是家的味道,是爱的味道,更是游子的赤子之心,对妈妈深深的牵挂。

材料 Ingredient		调料 Seasoning	
猪肉排	2片	A:	
（约240克）		盐	1/2茶匙
蒜泥	15克	五香粉	1/4茶匙
地瓜粉	40克	米酒	1茶匙
葱段	40克	水	1大匙
姜末	30克	蛋清	20克
蒜泥	40克	B:	
八角	10克	酱油	300毫升
花椒	5克	白糖	4大匙
		水	800毫升

做法 Recipe

① 将猪肉排用肉槌拍松,用刀切断筋膜。

② 将猪肉排放入碗中,加入所有调料A拌匀,腌制30分钟。

③ 将腌好的猪肉排均匀地裹上一层地瓜粉。

④ 热一油锅,待油温烧热至约180℃,放入猪肉排,以中火炸约5分钟至表皮金黄酥脆,捞出沥油。

⑤ 另热一锅,用油将葱段、姜末和蒜泥爆香,加入花椒、八角和调料B,以小火煮约10分钟制成卤汁。

⑥ 将猪肉排放入卤汁锅中,以小火煮约3分钟,捞出沥干,撒上葱丝和辣椒丝（材料外）即可。

小贴士 Tips

➕ 排骨在焖卤的过程中,记得要盖紧锅盖并以小火焖卤。盖紧锅盖的目的是防止水分的散失;转小火则可避免汤汁过度浓缩,而让排骨变得干焦。

海中牛奶羹：

苦瓜牡蛎干排骨汤

牡蛎干由生牡蛎加工晒干而成，在保留自然风味的基础上，其味道经过浓缩变得更加香浓。尤其可贵的是，其钙含量接近牛奶的2倍，铁含量为牛奶的21倍，是健肤美容和防治疾病的珍贵食物。用牡蛎干熬制的汤品充满了浓郁的海味，其鲜美程度足以让人仿若置身海边，感受海风吹拂，聆听到海鸥鸣叫。一碗汤，竟勾起你对海洋的向往。

材料 Ingredient

猪梅花排	200克
苦瓜	100克
牡蛎干	50克
姜片	15克
葱白	2根
水	800毫升

调料 Seasoning

盐	1/2茶匙
鸡精	1/2茶匙
绍酒	1茶匙

做法 Recipe

1. 将猪梅花排剁小块，用开水焯烫，洗净；将姜片、葱白用牙签串起，备用。

2. 将苦瓜洗净，剖开去籽、削去白膜，切块，焯烫后沥干，备用。

3. 将牡蛎干洗净，备用。

4. 取一内锅，放入梅花排、苦瓜、牡蛎干及姜片葱白串，再加入水和所有调料。

5. 将内锅放入电饭锅里，外锅加入1杯水（分量外），盖上锅盖，按下开关，煮至开关跳起后，捞除姜片、葱白即可。

小贴士 Tips

+ 此款汤品可用于风热感冒、早上起床口苦的人群食疗。

食材特点 Characteristics

牡蛎干：是由生牡蛎经加工晒干而成的。其性由凉转温，其味更香更浓。据分析，牡蛎干肉中的钙含量接近牛奶的1倍，铁含量则为牛奶的21倍。牡蛎干除了肉可食，牡蛎壳还可供用药，如可作胃药，能治胃酸过多；对身体虚弱、盗汗心悸等症也有疗效。

五谷为养：
糙米黑豆排骨汤

俗话说得好，"五谷杂粮多进口，大夫改行拿锄头"。由此可见，常吃粗粮对人体大有裨益。糙米黑豆排骨汤就是一道著名的养生食疗菜品。作为豆类的佼佼者，黑豆的蛋白质含量高、质量好，糙米富含丰富的维生素、矿物质及膳食纤维，二者混搭的汤方，滋阴补肾、补气益中，实在是"五谷养五脏"理论的最佳代表。

材料 Ingredient

糙米	600克
黑豆	200克
猪排骨	600克
水	1000毫升

调料 Seasoning

盐	2小匙
鸡精	1小匙
米酒	1小匙

做法 Recipe

1. 将糙米与黑豆均洗净，然后将二者均泡水，糙米要浸泡30分钟，黑豆要浸泡2小时。

2. 将猪排骨剁成约4厘米长的段，用开水焯烫2分钟后捞起，用冷水冲洗去除肉上的杂质血污。

3. 取一内锅，将糙米、黑豆、排骨一起放入其中，倒入水。

4. 将内锅放入电饭锅中，外锅中加入2杯水（分量外），盖上锅盖，按下开关，待开关跳起。

5. 打开锅盖，将盐、鸡精、米酒等调料放入内锅中，外锅再加0.5杯水（分量外），再次按下开关，待开关跳起即可。

小贴士 Tips

+ 也可将黑豆先用小火爆香，这样再煲汤的味道更好。

食材特点 Characteristics

糙米：是指去壳后仍保留些许稻米的外层组织的大米，如皮层、糊粉层和胚芽等，比白米更富含维生素、矿物质与膳食纤维。

黑豆：含有花青素，能清除体内自由基，尤其是在胃的酸性环境下，抗氧化效果更好，能滋阴、养颜美容、增加肠胃蠕动。

吃排骨

待到花开烂漫：

玫瑰卤子排

烹制肉食的时候，人们多会加些黄酒、料酒，以达到去腥增鲜的效果。其实，尝试用玫瑰花酿造的酒入菜，也会收获意外的惊喜。玫瑰露酒最早起源于唐代，以酒质醇和爽净、余味深绵带甘见长。用玫瑰露酒烹制的菜肴，不仅玫瑰花香突出，回味香甜可口，还对治疗肝郁气滞、脾胃虚寒有奇效，堪称芳香疗法和饮食疗法的完美结合。

材料 Ingredient

猪排骨	700克
小油菜	1棵
辣椒	2个
姜	20克
葱	30克
卤包	1包
水	500毫升

调料 Seasoning

酱油	100毫升
白糖	2大匙
玫瑰露酒	100毫升

做法 Recipe

1. 将猪排骨剁成小块，入沸水中焯烫约3分钟，捞出洗净，备用。

2. 将姜洗净，切片；葱洗净，切段；辣椒洗净，对切；小油菜掰开，洗净，入开水中焯烫约30秒，捞出备用。

3. 热一锅，倒入少许色拉油，以小火爆香葱段、姜片和辣椒，炒香后放入汤锅中。

4. 将排骨、卤包、水和所有调料加入汤锅中，煮沸后转小火，盖上锅盖，持续以小火煮滚，煮约40分钟至排骨熟软，最后放入小油菜即可。

小贴士 Tips

+ 调味料玫瑰露酒是一种加了玫瑰香味的高粱酒，通常用来做料理，如玫瑰油鸡、腊肠等，如果难于取得也可使用一般高粱酒代替。

食材特点 Characteristics

油菜：含有丰富的钙、铁、钾和维生素C，胡萝卜素也很丰富，是人体黏膜及上皮组织维持生长的重要营养源，对于抵御皮肤过度角化大有裨益。

玫瑰露酒：玫瑰露酒可治疗因忧思郁怒、肝气犯胃、饮食不节、脾胃虚弱等造成的胃脘痛，有疏肝理气、和胃止痛等功效。

在那火焰山上：
麻辣卤猪排

"辣"作为"麻"和"热"叠加的复合感觉，让很多食客欲罢不能。爱它的人爱到极致，怕它的人也怕到极致。如果你恰好对这感觉如痴如醉，不妨试试这道麻辣卤猪排。当嫩滑的肉质滑入口中，那刺激的辛辣感瞬间化作一团火焰在口腔中熊熊燃烧，唇齿生火，怎一个畅快淋漓！纵使眼泪狂飙，脸红心跳，也难舍弃这绝味的佳肴。

材料 Ingredient

猪肋排	600克
蒜	60克
姜	40克
葱	80克
干辣椒	8克
花椒	1大匙
水	700毫升

调料 Seasoning

辣豆瓣酱	3大匙
酱油	80毫升
白糖	3大匙
米酒	50毫升

做法 Recipe

1. 将猪肋排剁成长约6厘米的段，入沸水中焯烫约3分钟，取出洗净；蒜拍松；姜洗净，切片；葱洗净，切段，备用。

2. 热一锅，倒入4大匙色拉油，以小火爆香葱段、姜片及蒜，再加入辣豆瓣酱炒香。

3. 加入干辣椒及花椒略炒过后，加入水煮沸，再放入猪肋排和其余调料。待再度煮沸后转小火，盖上锅盖，煮约40分钟至排骨熟软即可。

小贴士 Tips

+ 在卤制排骨的过程中切忌用铲子翻动，怕粘锅的话可以贴着锅底稍微将排骨铲起一下。

+ 汁水不用收得太干，否则吃起来排骨会发柴。

梅香排骨

紫苏是一种很好的香草，可以解海鲜毒，所以日本料理中常常会搭配紫苏叶。用紫苏叶子将梅子包裹起来，加蜂蜜、花椒或红糖等，经过一段时间的发酵，就制成了紫苏梅。紫苏梅具有敛肺止咳、除烦静心、生津止渴等功效，用其辅以烹制的排骨吸收了宝贵的精华，吃起来酸甜可口，闻起来梅气飘香，直叫人赞不绝口、回味无穷。

材料 Ingredient

猪排骨	700克
辣椒	2个
姜片	50克
紫苏梅	10颗
（含汤汁）	
水	700毫升

调料 Seasoning

酱油	100毫升
白糖	3大匙
绍酒	50毫升

做法 Recipe

1. 将猪排骨剁成长约6厘米的段，入沸水中焯烫约3分钟，取出洗净，备用。

2. 将辣椒洗净，对切；姜洗净，切片，备用。

3. 将排骨、辣椒、姜片和紫苏梅放入锅中，倒入水，加入所有调料以大火煮沸。

4. 转小火，盖上锅盖，持续以小火煮滚。

5. 煮约40分钟至排骨熟软即可。

小贴士 Tips

+ 紫苏梅清香爽口，与排骨一起炖煮风味绝佳，但汤汁千万别浪费，在取用紫苏梅时，要用汤匙捞出，连带将汤匙中的汤汁一起入锅，这样炖卤好之后的排骨梅香味更浓郁。

食材特点 Characteristics

姜：是一种极为重要的调味品，一般很少作为蔬菜单独食用。它还是一味重要的中药材，能刺激胃粘膜，引起血管运动中枢及交感神经的反射性兴奋，促进血液循环，振奋胃功能，达到健胃、止痛、发汗、解热的作用。

可乐卤排骨

老少皆宜开胃菜：

可乐鸡翅是深受大众欢迎的一道菜品，其实，用可乐卤排骨，也是不错的尝试。经过高温熬煮，可乐中的碳酸气完全分解，只留下高糖分的原液化作甜甜的蜜汁渗入排骨。经过可乐的浸染，排骨颜色浓郁、色泽靓丽，咬一口，酸甜可口，闻一闻，伴着可乐独特的香气。合家聚会，不妨用可乐菜品做开胃菜，相信一定能博得老少同乐的满堂彩。

材料 Ingredient

猪排骨	700克
辣椒	2个
姜	20克
葱段	30克
水	200毫升

调料 Seasoning

盐	2茶匙
可乐	350毫升

做法 Recipe

1 将猪排骨剁成小块，入沸水中焯烫约3分钟，取出洗净，备用。

2 将辣椒洗净，对切；姜洗净，切片，备用。

3 热一锅，倒入少许色拉油，以小火爆香葱段、姜片和辣椒，炒香后放入汤锅中。

4 将排骨和所有调料放入汤锅中，倒入水，以大火煮沸。

5 转小火，盖上锅盖，持续以小火煮滚，煮约40分钟至排骨熟软即可取出。

小贴士 Tips

+ 如果口味比较重，还可再加半勺老抽，既能上色也能调味。

食材特点 Characteristics

可乐：碳酸饮料少量饮用没有大碍，但如果大量饮用，其含有的二氧化碳、磷酸等物质会与人体内的钙、镁离子等微量元素发生化学反应，产生碳酸钙、碳酸镁等难溶物质。随着时间的积累，这些物质会沉积在肾脏中，形成结石。

快意人生酒一杯:
啤酒排骨

如果你酷爱啤酒，对这种"液体面包"有着特殊的情结，这道啤酒排骨一定能博得你的青睐。作为烹制肉食的得力助手，啤酒不仅能够使肉质增鲜，还能够促进蛋白质被人体吸收，可谓一举两得。烹制好的排骨鲜香细嫩，舌尖细品，还留有啤酒的麦质余香，此刻，不如倒上一扎啤酒相伴，这有酒有肉的生活，真乃人生之快!

材料 Ingredient

猪排骨	200克
蒜末	20克
姜末	20克
花椒	1/2茶匙
八角	2粒
桂皮	1小片
	（约5克）
干辣椒	4个
水	1000毫升
啤酒	1罐

调料 Seasoning

盐	1/2茶匙
白糖	1茶匙

做法 Recipe

1 将猪排骨剁块，放入沸水中稍焯烫，捞起，以冷水洗净，备用。

2 热一锅，加入少许色拉油烧热，以小火爆香蒜末、姜末，再加入排骨块、花椒、八角、桂皮、干辣椒、啤酒和水，改转中火煮至汤汁滚沸，盖上锅盖，转小火焖煮约20分钟。

3 汤锅中再加入盐和白糖调味即可。

小贴士 Tips

+ 在以小火焖煮后，也可以大火收汁；最后之所以要加一茶匙的白糖，是为了中和啤酒中的涩味，让这道菜的味道更醇香。

食材特点 Characteristics

八角：又称茴香、大料等，是制作冷菜及炖、焖菜肴中不可缺少的调味品，有祛风理气、和胃调中的功能，可用于中寒呕逆、腹部冷痛、胃部胀闷等症。

桂皮：桂皮因含有挥发油而香气馥郁，可为肉类菜肴祛腥解腻，进而令人食欲大增，还能激活脂肪细胞对胰岛素的反应能力，加速葡萄糖的代谢。

来自暹罗的季风：

酸辣排骨汤

泰国气候炎热，为舒缓因高温而萎靡的胃口，在泰国菜中，不少菜品以复合的多味觉层次见长，这道酸辣排骨汤就是其中之一。以泰式酸辣酱入汤，酸不觉涩，激活味蕾重重；辣不觉辛，启动食欲满满，当酸、辣与排骨融合在一起，一种全新的复合味觉在口中回荡，这令人惊喜的菜品，实在是世界美食林中的又一个奇迹。

材料 Ingredient

猪排骨（猪龙骨）	300克
西红柿	80克
青甜椒	40克
洋葱	60克
西芹	40克
蒜片	20克
水	800毫升

调料 Seasoning

泰式酸辣酱	4大匙
盐	1/4茶匙
柠檬汁	2大匙

做法 Recipe

❶ 将西红柿、青甜椒、洋葱、西芹均洗净，然后都切成小块，备用。

❷ 将猪排骨斩小块，放入沸水中焯烫约1分钟，取出洗净，然后与做法1中的所有蔬菜一起放入汤锅中。

❸ 在汤锅中继续加入蒜片、泰式酸辣酱，倒入水。

❹ 开火煮沸后，转小火使汤保持在微滚的状态下，煮约50分钟后熄火，再放入盐和柠檬汁调味即可。

小贴士 Tips

➕ 柠檬汁可以自制也可以买市售的浓缩柠檬汁。如果使用浓缩柠檬汁，就要灵活减少用量，以免太酸。

食材特点 Characteristics

泰式酸辣酱：泰式酸辣酱是泰国菜中常用的调料之一，在泰国菜的制作中不可或缺，味道酸辣咸鲜，主要由辣椒酱、柠檬汁、水、蒜、白糖等原料制成。

柠檬汁：是新鲜柠檬经榨挤后得到的汁液，酸味极浓，并伴有淡淡的苦涩和清香味道。柠檬汁是上等调味品，含有糖类、维生素C，以及钙、磷、铁等。

泡菜粉丝排骨锅

炸鸡和啤酒终究只是韩式快餐，要想品味地道的韩餐，这道泡菜粉丝排骨锅万万不可错过。泡菜在韩餐中的地位，就像味噌之于日本，咖喱之于印度，绝不可少。取上好的泡菜，加以粉丝、排骨同炖，粉丝的顺滑、泡菜的酸爽解去排骨的油腻，望着这热气腾腾的汤锅，你的脑海中是否已经响起《大长今》的旋律？

材料 Ingredient

猪大排	600克
姜末	20克
韩式泡菜	300克
蒜苗	30克
粉丝	2小捆
水	1000毫升

调料 Seasoning

酱油	3大匙
白糖	1茶匙
米酒	1大匙

做法 Recipe

1. 将猪大排剁小块；蒜苗洗净，切段；粉丝用水浸泡约20分钟，沥干备用。

2. 烧一锅水，放入大排焯烫约1分钟，取出洗净，然后放入汤锅中。

3. 锅中加入韩式泡菜、姜末、蒜苗、米酒和水，以大火煮至沸腾后转小火，盖上锅盖，煮约半小时。

4. 将酱油和白糖一起加入锅中调味，再加入粉丝煮约1分钟即可起锅。

小贴士 Tips

+ 韩式泡菜如果一次吃不完，最好放入密封的玻璃容器中保存，这样不易变质。

+ 如图中所示，也可在料理中加入豆腐，使口感的层次更加丰富。

食材特点 Characteristics

韩式泡菜：韩式泡菜易消化、爽胃口，既能提供充足的营养，又能预防动脉硬化、降低胆固醇、消除多余脂肪，具有较好的保健价值。

粉丝：是一种用绿豆、红薯淀粉等做成的丝状食品，故名粉丝，其营养成分主要是碳水化合物、膳食纤维、蛋白质、烟酸和矿物质。

女性守护神汤：
花生米豆排骨汤

俗话说，"五谷杂粮壮身体"。其中要论最适合女人的，则非米豆和花生莫属。米豆脂肪含量低，吃得再多也不会发胖，富含的维生素A与钾可润肤、抗氧化、抗衰老，有助于提升面色，使人精神焕发。而花生能补血益气，这一对"强强联合"的搭档，可谓全方位地呵护了女性健康，实在是各年龄阶段女人必备的饮食佳选。

材料 Ingredient

猪小排	200克
脱皮花生	2大匙
米豆	1大匙
红枣	5颗
姜片	10克
葱白	2根
水	800毫升

调料 Seasoning

盐	1/2茶匙
鸡精	1/2茶匙

做法 Recipe

1. 将花生、米豆均洗净，泡水约8小时后沥干；将红枣洗净，备用。
2. 将猪排骨剁成小块，用开水焯烫，捞出洗净，备用。
3. 将姜片、葱白用牙签串起，备用。
4. 取一内锅，放入小排块、花生、米豆、红枣及姜片葱白串，再加入水及所有调料。
5. 将内锅放入电饭锅里，外锅加入1杯水（分量外），盖上锅盖，按下开关，煮至开关跳起后，捞除姜片、葱白即可。

小贴士 Tips

+ 如果觉得米豆皮不好剥，可先将米豆泡水1小时左右，令其发胀，使豆皮和豆仁之间产生空隙，这样就很容易剥皮了。

食材特点 Characteristics

米豆：虽然长得像黄豆，但是两者的口感与特性却是不一样的。米豆煮后较松软而黄豆较硬，而且米豆的抗氧化、抗衰老功效更好。

花生：花生有很高的营养价值，含丰富的脂肪、蛋白质、矿物质，特别是含有人体必需的氨基酸，有促进脑细胞发育、增强记忆的功能。

润肺清热舒爽菜：

柿干炖排骨

柿干具有健脾润肺、止咳化痰、清热解渴的功效，常被当作餐间小零食食用。其实，将它搭配肉类清炖也是不错的佳肴。当两种食材相互交融，一边是金黄色的水晶柿肉，绵软可口；一边是滑嫩嫩的香韧排骨，爽而不腻，那视觉的惊艳裹着味觉的陶醉，撩动着食客的神经，鼓动着食客的脾胃。尝一口，不由赞，好一道人间美味！

材料 Ingredient

猪排骨	200克
柿干	2个
姜片	20克
无花果	50克
水	2000毫升

调料 Seasoning

盐	1茶匙
鸡精	1茶匙

做法 Recipe

1. 将猪排骨剁成小块，放入滚沸的水中焯烫一下，捞出洗净，放入汤锅中备用。

2. 将柿干去蒂，切块；将无花果洗净；再将柿干块、无花果与姜片、水一起放入排骨汤锅中。

3. 以中火煮至汤汁滚沸后，转小火使汤汁保持在微滚的状态下煮约1小时，再放入所有调料调味即可。

小贴士 Tips

+ 本菜品不宜与蟹同食，因为柿干易使螃蟹中的蛋白质凝固结块而积聚于胃肠中，出现腹痛腹泻等症。

食材特点 Characteristics

柿干：被称为"百果之圣"，富含蔗糖、葡萄糖、果糖、蛋白质、胡萝卜素、维生素C、瓜氨酸，以及碘、钙、磷、铁等。

无花果：具有很高的营养价值和药用价值，含有较高的果糖、果酸、蛋清质、维生素等成分，有滋补、润肠、开胃的作用。

养颜益寿宝：
白果腐竹排骨汤

据说，已故老艺术家常香玉的保养秘方，是几十年如一日的日服五颗白果。白果又名"长寿果"，不仅可以滋阴养颜抗衰老，还可促进血液循环，使人面色红润，是老幼皆宜的保健食品。将白果搭配高植物蛋白的腐竹同炖，汤汁浑白浓厚，气味自然清香，看上去虽然普通，长期饮用却有奇效，实在是百姓人家都吃得起的益寿灵药。

材料 Ingredient

猪腩排	200克
腐竹	1根
	（约30克）
干白果	1大匙
姜片	10克
水	800毫升

调料 Seasoning

盐	1/2茶匙
鸡精	1/2茶匙
绍酒	1茶匙

做法 Recipe

1. 将腐竹、干白果洗净，分别泡水约8小时后沥干；腐竹剪成5厘米长的段，备用。

2. 将猪腩排剁成小块，用开水焯烫，捞出洗净，备用。

3. 取一内锅，放入腩排块、腐竹段、白果，再加入姜片、水及所有调料。

4. 将内锅放入电饭锅里，外锅加入1杯水（分量外），盖上锅盖，按下开关，煮至开关跳起后，捞除姜片即可。

小贴士 Tips

+ 腐竹以色泽麦黄、略有光泽的为佳；质量较差的腐竹颜色多呈灰黄色、黄褐色，色彩较暗。好的腐竹，迎着光线，能看到瘦肉状的一丝一丝的纤维组织；质量差的则看不出。

食材特点 Characteristics

腐竹：腐竹是将豆浆加热煮沸后，经过一段时间保温，表面形成一层薄膜，挑出后下垂成枝条状，再经干燥而成的，因其形类似竹枝状而得名。

白果：白果是营养丰富的高级滋补品，含有粗蛋白、粗脂肪、还原糖、核蛋白、矿物质、粗纤维及多种维生素等成分。